Über das Buch

Kurzweilig und prägnant präsentiert »der Professor aus Hongkong« Ergebnisse der Biotechnologie. Seine »Miniaturen« liefern Hintergrundwissen, um Chancen und Gefahren der allgegenwärtigen »Biotech-Produkte« vernünftig – im Brecht´schen Sinne – zu beurteilen. Dabei liegt Renneberg eine pauschale Verurteilung der Biotechnologie ebenso fern, wie eine unkritische Euphorie: die Frage »Wem nutzt es?« stellt er neu bei jeder »biotechnologischen Errungenschaft« und deren Vermarktung durch die Pharmaindustrie.
Dass die Wissensvermittlung unterhaltsam geschieht, dafür garantieren – neben dem Autor - die Illustrationen seiner Freunde: des zu früh verstorben Manfred Bofinger und des Hongkonger Cartoonisten Ming Fai Chow

Über den Autor

Reinhard Renneberg (55) lebt mit nicht-geklontem Kater Hou Choi (Fortune) und der Kätzin Fortuna, dem Hasen Toutou und 8 Zwergpapageien als Professor für Analytische Biotechnologie seit 1995 in Hongkong.
Er ist Autor des Bestsellers »Biotechnologie für Einsteiger« (Elsevier-SAV, Heidelberg) und schreibt alle zwei Wochen aktuelle »Biolumnen« für deutsche Zeitungsleser.
Seine Devise? »Science is fun«! 200 chinesische Studenten erfreut er oft mit eigenen Cartoons.

Katzenklon, Katzenklon

Biotechnologische Miniaturen
von Reinhard Renneberg

Illustrationen:
Manfred Bofinger
und
Ming Fai Chow
周明輝

ISBN-10: 3 – 939828 – 02 – 5
ISBN-13: 978 – 3 – 939828 – 02 – 0

© 2006
 Verlag Wiljo Heinen, Böklund
 Alle Rechte vorbehalten.

Eine elektronische Version dieses Buches ist unter
www.verlag-wh.de erhältlich.
Käufer der Papierausgabe können die elektronische Version
verbilligt beziehen, unter Angabe der Codenummer
i74Q9P9wkDRRQBF9 .

Druck und Weiterverarbeitung:
UAB »Spaudos projektai«, Litauen

Gesetzt aus der Utopia.

Für Manfred Bofinger.

Anstelle eines Vorworts
11
Falten weg – mit Biotech?
16
Muttermilch der Zivilisation
19
Das Mäuschen, das brüllte
22
Teuer und nicht selten nutzlos
25
Computer auf den Kompost!
28
Nachrichten vom Kater
31
Fidel rettet die US-Biotechnologie
34
Wer vergiftet Nemo?
37
007 und die Suppenwürze
40
Leuchte, Fischlein, leuchte
43
Aspartam – das süße Nichts
47
Irrashaimasu, Baio-teku
50
Die Fliege und das Vitamin C
53

Zauberkugeln gegen Krebs?
56

Hilfe für das Herz
59

Nachts auf dem Highway ...
62

Doping? Nein: Raupenpilz
65

... auch Phosphat wird knapp!
68

Snowmax für die Alpen?
72

Lob der Papaya
75

Vogelmarkt biochemisch
78

Eine Pille für (fast) alles?
81

Alles schön steril
84

Ein Schnupfen und die Folgen
87

Biotech beim Friseur?
90

Hauptsache, sie fängt Mäuse
93

Auch Bakterien altern
96

Unseren täglich Pilz gib uns heute
99
Verschimmeltes Monopol
102
Der Weg zur ewigen Jugend?
105
Hongkong und die Vogelgrippe
108
»Ausschalter« für Gene?
111

Auf den Hund gekommen?
114
Flipper künstlich befruchtet
117
Schwer giftig
120
Smarte Arzneien
123
Digitale Darmbakterien
126
Hongkong im Tamiflu-Fieber
129
Schützt die Wildvögel!
132
Depressiv durch Antidepressiva?
136
Muschelextrakt contra Vioxx
139
Glimmende Klonbäume
142
Ecstasy – historisch
146
Snuppy, made in Korea
149
Molekulare Waschfrauen
152
Mein Privat-Genom?
155

Goethe und das Koffein
158
Die Katzen und die Vogelgrippe
161
Malaria, bei Fuß!
165
Blue-Jeans – Bakterien-Blues
168
Akademische Hundejagd
171
Bier gegen Entzündungen!
174
Das Geheimnis der sauren Fässer
177
Rote Kristallografin
180
Pasteur, der Übeltäter
183
Die Ölfresser kommen
186
Antibakterieller Stinkstiefel
189
Lob des Ingwers
192
Lackmus und Hanf
196
Noch einen Löffel Rotwein?
199

Anstelle eines Vorworts

Kein Mensch liest Vorworte... deshalb hier eine Geschichte:

Im Anfang war der Rotwein – ein Bio-Produkt ... Wir saßen mit Manfred Bofinger und seiner Frau zusammen und feierten unser erstes gemeinsames Buch »Liebling, du hast die Katze geklont!« bei Wiley-VCH.

Bofi hatte es in seiner genialen Art illustriert. Und so hatte unsere Zusammenarbeit begonnen:

Ich rief ihn zum Beispiel von Hongkong aus an und sagte: »Manfred, ich habe eine tolle Idee! Kannst du Waschmittel-Enzyme bei der Arbeit zeigen? So kleine Männlein mit Säge und Schere, die alles klein machen, was sie an Substraten finden?«

Manfred brummte: »Schick mir mal ein Fax mit 'ner Skizze!« Das tat ich sofort. Zwei Stunden später kam ein Fax zurück. Der »Große Bofi«, der schon Fibel und Mathebuch meiner Kinder illustriert hatte, schickte *mir* ein Fax!

Es zeigte ein Schwein mit Krawatte und Sakko, das mit einem Außerirdischen am Tisch sitzt und zu ihm sagt: »Das ist ja hochinteressant! Sie als Alkalische Protease sind ebenfalls ein Allesfresser?« (der Leser findet die Zeichnung auf S. 154).

So war er! Bofi hatte meine langweilige Idee einfach ignoriert. Und so erging es jedem meiner Vorschläge. Gute Freunde meinten: »Na gottseidank hat er *nicht* auf Dich gehört!«

Ich wurde nach Bofi-Bildern regelrecht süchtig. Wenn ein Fax von ihm ankam, war es immer wie Weihnachten.

Wie könnte ich »mehr Bofi« erlangen?

Ich fragte Dr. Steffen Schmidt, den Redakteur der Wissenschaftsseite des »Neuen Deutschland« in Berlin. Er sagte sofort zu, als er *Bofi* hörte, mich kannte er natürlich nicht...

Steffen nannte das Kind BIOLUMNE. Ein schöner Name für die Kolumne auf der Wissenschaftsseite, die bisher schon 60 mal erschien.

Mein guter alter Freund Wolfgang Meyer in Berlin, der schon das Wiley-Buch mit scharfem Verstand und spitzer Feder korrekturgelesen hatte, ist so nett und opfert seine karge Zeit für Vorschläge und Korrekturen.

Und so bekam ich nun alle zwei Wochen immer wieder neue Bofi-Cartoons, die alle ganz anders waren als meine schlichten Entwürfe!

Bis zu jenem furchtbaren Moment zu Weihnachten 2004, als zuerst tagelang kein Fax zurückkam und ich schließlich von seiner Frau Gabi hörte, er läge im Wachkoma.

Unvorstellbar – dieser vitale, lebensfrohe Mensch...

Manfred Bofinger starb am 8. Januar 2006. Seine Lebensfreude und der Glaube an das Gute und die Vernunft waren ansteckend.

Er liebte das Zitat aus Brechts »Leben des Galilei«:

*Es setzt sich nur so viel Wahrheit
durch, als wir durchsetzen;
der Sieg der Vernunft kann nur
der Sieg der Vernünftigen sein.*

Was tut man, wenn einer der Vernünftigsten nicht mehr kämpfen kann? Man sucht nach neuen Verbündeten, auch wenn man weiß, dass ein Bofi niemals ersetzt werden kann.

Auch der positiv-skeptische Denker Steffen Schmidt meinte: »Weitermachen!« Und der Cartoon?

In Hongkong liebt man die politischen Cartoons der South China Morning Post. Da sitzt ein Cartoonist, *Ming*. Er macht die lustigsten und scharfsinnigsten Cartoons, muss schon uralt sein (etwa mein Alter, dachte ich).

Nach zähen Nachfragen fand ich seine Adresse und verabredete mich: ein lustiger 30jähriger kam zum Treff. »Das muss Mings Sohn sein!« Nein, der Meister Ming selber!

Er hatte große Bedenken, nachdem er Bofis Cartoons gesehen hatte. »Das kann ich nie und nimmer!«

»Vom Meister lernen!«, zitierte ich Konfuzius.

Inzwischen wird Ming mit jedem Cartoon selbstbewusster. Es macht riesigen Spaß, mit ihm zu arbeiten.

Als wir die 50. Biolumne gemacht hatten, fragte mich eine eifrige Leserin, ob ich die Nummern 12 bis 15 noch hätte und auch Nummer 23 hätte sie nicht.

Und da wurde die Idee zu diesem Büchlein geboren. Und wer verlegt das?

Der glückliche Zufall wollte es, dass ich Wiljo Heinen kennenlernte. Der war von der ersten Minute an von der Idee begeistert und ich von seinem Miniverlags-Konzept...

Wem darf ich noch danken? Dem ND und Dr. Steffen Schmidt in Berlin für die Abdruckgenehmigung, Bettina Loycke von Wiley-VCH in Weinheim für zusätzliche Bofi-Cartoons, der besten Bio-Graphikerin Deutschlands, Darja Süßbier, für hilfreiche Tipps an Wiljo beim Layout.

Helge Schneiders »Katzeklo, Katzeklo, ja das macht die Katze froh...« stand Pate beim Titel.

Und eigentlich hab' ich es nur für meine Mama zusammengestellt. Sie liest die Biolumne jeden zweiten Samstag in Merseburg. Mings Cartoon zeigt den Weg von Hongkong nach Sachsen-Anhalt. Bleib gesund, liebe Mutter!

Ein letzter Tipp fürs Lesen, wie beim Rotwein: immer nur in Maßen genießen...

Über Rückkopplungen freue mich mich im fernen Hongkong!

Reinhard Renneberg
Email: chrenneb@ust.hk

Falten weg – mit Biotech?

Falten weg mit Antifalten-Cremes, schön wär's! Selbst die besten Produkte können, wie wir wissen, lästige Alterungszeichen der Haut nur mildern. Wunder vollbringen sie eben nicht. Es gibt ja Leute, die lassen sich eine B-Waffe unter die Haut spritzen: Botulinus-Toxin (Botox) aus lebensmittelvergiftenden Bakterien. Die Injektion unter die Haut lähmt die Muskulatur – die Falten verschwinden, zumindest für eine Weile.

Aber jetzt wird an meiner Universität, der Hong Kong University of Science and Technology (HKUST), ein ganz neuer Wirkstoff eingesetzt: Das Mittel heißt Epidermaler Wachstumsfaktor (kurz EGF).

EGF selbst ist schon lange bekannt – ein kleines Eiweiß, das unsere Hautzellen zur Neubildung anregt. Wenn wir altern, lässt dessen Produktion im Körper nach. Könnte man es »zufüttern«, käme die Zellbildung wieder in Gang.

Nun hat mein Kollege Prof. Wan-Keung Wong den wertvollen Stoff gentechnisch durch Bakterien produzieren lassen. EGF aus dem Bioreaktor hat exakt die gleiche Struktur und Wirkung wie der original menschliche Faktor.

Der neue Stoff ist nun in Cremes in China auf dem Markt, aber sehr teuer: ein winziges Döschen (20 mg) kostet in Hongkong etwa 50 Euro und reicht vielleicht zwei Wochen. Täglich aufgetragen sind nach vier bis sechs Wochen die Fältchen durch neugebildete Hautzellen aufgefüllt.

Der Verfasser (l.) und sein Vignettist (r.) nach der EGF-Behandlung

Ich habe es als eitles Versuchskaninchen selbst probiert: Tatsächlich waren nach vier Wochen die Augenfältchen weg. Die edlen Falten meiner Denkerstirn und Lachfalten verschwanden natürlich nicht.

Was spricht wissenschaftlich dagegen? Niemand vermag heute sicher zu sagen, was bei Langzeit-Anwendungen passiert, wenn es also jemand mit dem Verjüngen übertreibt. Altert die »verwöhnte« Haut schneller, wenn man das EGF eines Tages nicht mehr zuführt?

Die Europäer sind außerdem noch skeptisch beim Einsatz von Gentechnik-Produkten, aber ich vermute, dass auch dort das Produkt Abnehmer findet, weil es wirklich funktioniert.

Viel wichtiger ein medizinischer Durchbruch mit EGF: Patienten mit schwerem Diabetes leiden oft an Diabetischen Fuß-Geschwüren – offene Wunden, die schwer verheilen. In einer Hongkonger Studie wurde mit EGF in nur acht Wochen bei früher hoffnungslosen Fällen eine Amputation des Fußes abgewendet.

Und auch bei Sonnenbrand wirkt EGF Wunder; hier in China allerdings kein Thema: vornehme Blässe gilt immer noch als Schönheitsideal. Selbst meine Studentinnen spannen, kaum aus dem Schatten, Schirme auf. Sie lächeln über uns Langnasen, die freiwillig am Strand braten oder sogar Geld in Sonnenstudios verschwenden. Vielleicht sind die Chinesen doch weiser als wir? Die Dermatologen und die Hautkrebs-Statistik geben ihnen Recht.

Muttermilch der Zivilisation

»Es ist bekannt seit altersher, wer Sorgen hat, hat auch Likör...« Gab es außer Wilhelm Buschs humorvoller Weisheit noch andere gute Gründe für die Erfindung des Alkohols? Biotechnologen und Historiker sind zunehmend dieser Meinung.

Schon vor 6 000 bis 8 000 Jahren beherrschten die Sumerer in der Wiege der Zivilisation Mesopotamien, dem Zweistromland zwischen Euphrat und Tigris, die Kunst des Brauens. Der nahrhafte Saft stand bei ihnen so hoch im Kurs, dass Bierbrauer bei Schlachten zu Hause bleiben mussten.

Die Babylonier, Nachfolger der Sumerer, konnten immerhin schon zwischen 20 verschiedenen Biersorten wählen. Das Brauen war auch ihnen eine wichtige Staatsangelegenheit. So ließ z.B. ihr bedeutendster König Hammurapi in Stein meißeln, dass Brauer, die ihr Bier mit Wasser verdünnten, in ihren Fässern zu ersäufen sind oder sich an dem eigenen Gebräu zu Tode trinken sollten.

Alkohol ist vergorener Zucker, ein Stoffwechsel-Endprodukt der Hefen, und bietet deshalb anderen Mikroben (außer Essigsäurebakterien) keine rechte Nahrung. Das babylonische Bier hatte einen leicht säuerlichen Geschmack, der durch eine nebenher ablaufende Milchsäuregärung entstand. Die Milchsäure-Bakterien erhöhten die Haltbarkeit des Bieres zusätzlich, weil viele Mikroben im sauren Milieu nicht gedeihen können. Nahrungsmittel-Konservierung durch

22. Mai 2004

Milchsäuregärung – man denke nur an Gewürzgurken, Sauerkraut und Oliven.

Im heißen Klima des Orients war die Mikrobenhemmung mittels Gärung eine vorteilhafte Eigenschaft, wenn nicht gar die entscheidende. Wegen des Ackerbaus wuchs die Bevölkerung dramatisch. Sauberes Trinkwasser wurde plötzlich zum Problem, übrigens auch in Europa bis ins 19. Jahrhundert hinein. Fehlende Kanalisation, keine oder schlechte Abwasserbehandlung – tierische und menschliche Fäkalien verseuchen und verschmutzen in manchen Gegenden heute noch das Trinkwasser. Nur fünf Prozent des Wassers Chinas sind noch »sicher« (hier liegt die Hauptschuld allerdings bei der boomenden Industrie). Auch rituelle Waschungen (z.B. im Ganges) sind problematisch. Wasser kann hochgefährlich sein!

Die Gärungsprodukte Bier, Wein und Essig waren dagegen frei von gefährlichen Keimen. Selbst leichtverschmutztes Trinkwasser konnte man damit aufbereiten, weil nicht nur Alkohol, sondern auch organische Säuren vorhandene Erreger abtöten.

»Ich saufe nicht, ich desinfiziere mich!« – der berühmte Spruch der Alkoholliebhaber ist demnach nicht völlig verkehrt. Alkohol war übrigens bis vor hundert Jahren das einzige Analgetikum: Branntwein zur Narkose!

Nicht gefährliches Wasser löschte also den Durst unserer Altvordern, sondern Bier, Wein und Essig – die »Muttermilch der Zivilisation«. Diese älteste Biotechnologie der Welt war nahrhaft, anregend und auch sicher – ein Fortschritt, der sich einfach durchsetzen musste.

Das Mäuschen, das brüllte

»China hatte 2003 drei große Siege zu feiern: den ersten Chinesen im Kosmos, den Sieg über SARS und die Teilnahme am Humangenom-Projekt«, jubelte Prof. Huanming Yang, Chef des Beijinger Genominstituts.

»Sequenzieren oder nicht sequenzieren, das ist hier die Frage!« rief er ins enthusiastische Hongkonger Publikum. Hongkong hat jetzt ein eigenes Genom-Zentrum.

Ziel des Humangenom-Projekts (HGP) war es, die Information (d. h. die Reihenfolge der Basenpaare im Erbmolekül DNA) auf allen Chromosomen des Menschen zu ermitteln. 1990 im Oktober startete dieses größte biologische Projekt aller Zeiten mit insgesamt drei Milliarden US-Dollar Fördermitteln.

Seitdem arbeiteten Biotechnologen rund um die Uhr mit handwerklichen Tricks und Analyseautomaten daran, alle ca. 3,4 Milliarden Basenpaare, die auf die 23 menschlichen Chromosomenpaare verteilt sind, zu erfassen.

Die dahinter stehende gigantische Informationsmenge ist vergleichbar mit 200 der superdicken 1000-seitigen New Yorker Telefonbücher. Das kleinste Chromosom Y (für den »winzigen Unterschied«) hat 50 Millionen, das größte 250 Millionen Basenpaare.

Die Kenntnis des Genoms wird Biologie und Medizin verändern. Etwa 6000 Krankheiten gehen z. B. auf jeweils ein einzelnes schadhaftes Gen zurück: Nur ein falsch buchstabiertes genetisches Wort, und die Zelle produziert nicht das korrekte Eiweiß oder eine falsche Menge. An anderen komplexen Krankheiten sind mehrere, oft Dutzende Gene beteiligt: Herzinfarkt, Arteriosklerose, Asthma, Krebs.

Am 14. April 2003 konnten die USA, Großbritannien, Deutschland, Japan, Frankreich und China (Prof. Yang: »als einziges sozialistisches und Entwicklungsland«) die Entzifferung des gesamten menschlichen Genoms bekannt geben.

China stieß allerdings erst Ende 1999 als Sechster zum Genom-Club. Es hatte deshalb nur 1 Prozent des Genoms aufgeklärt, damit ein Mäuschen unter hochmütigen Elefanten (USA 54 Prozent, Großbritannien 37 Prozent). Aber: Immerhin war es dabei, im Gegensatz zu Russland!

Und wem »gehört« nun das Humangenom, wer patentiert sich die Leckerbissen? Staatspräsident Jian Zemin persönlich hatte die Losung ausgegeben: »Es gehört allen, wurde von allen erreicht und wird mit allen geteilt!«

So erhob das Genom-Mäuschen China seine Stimme wie ein Tiger: »Das Humangenom gehört allen Menschen... Es kann und darf nicht patentiert werden!!« Dies missfiel nicht nur dem »Wall Street Journal« sehr. Das US-Center for Disease Control in Atlanta versuchte gerade, das Genom des SARS-Virus zu patentieren. Klar, dass die Chinesen empört sind.

Wer in Hongkong genau hinhörte, konnte weitere Gründe der Verwunderung für die Elefanten bemerken: Zehntausende chinesische Studenten in den USA, von den US-Forschern manchmal als »Chinese tools« (chinesische Werkzeuge) gering geschätzt, haben fleißig vom Meister gelernt! Sie kommen zunehmend zurück in die Heimat, perfekt ausgebildet... Die Chinesen klärten inzwischen das Genom von Reis (55 000 Gene) und Seidenraupe auf und arbeiteten bei Huhn und Schwein maßgeblich mit.

Das Hongkonger Genom-Institut, so auch einhellige Meinung der ausländischen Gäste, ist vom Feinsten. Hongkong hat nun auf der Weltkarte der Genomforschung einen Sonnenplatz. Man darf gespannt sein!

Teuer und nicht selten nutzlos

»Mehr als die Hälfte der Patienten, denen teuerste Medikamente verschrieben wurden, haben keinen Nutzen davon!« schockte Allen Roses, Vize-Präsident für Genetik bei der Weltfirma GlaxoSmithKline (GSK) in London das Publikum.

Dies ist ein offenes Geheimnis in der Pharmaindustrie, aber es war das erste Mal, dass einer der Chefs davon öffentlich plauderte. Medikamente gegen die Alzheimer-Krankheit funktionieren bei weniger als einem Drittel der Patienten, die gegen Krebs gar nur bei einem Viertel. Arzneien gegen Migräne, Osteoporose und Arthritis helfen derzeit nur jedem zweiten Betroffenen*.

»Das passiert, weil die Empfänger Gene haben, die mit den Medikamenten interferieren. Die überwiegende Mehrheit der Arzneimittel, mehr als 90 Prozent, wirkt nur bei 30 bis 50 Prozent der Patienten«, erklärte Roses. Er ist Fachmann für »Pharmakogenomik«. Mark Levin, Chef der Firma Millennium Pharmaceuticals, schätzt den Anteil an ungeeigneten Verschreibungen auf 20 bis 40 Prozent.

Eigentlich weiß es jeder: Das selbe Medikament wirkt bei verschiedenen Menschen oft unterschiedlich. Der Arzt verschreibt üblicherweise seine Mittel nur auf der Grundlage der jeweiligen Krankheit. Könnte er die genetische Veranlagung berücksichtigen, wäre dies eine medizinische Revolution.

Auch Nebeneffekte von Arzneimitteln würden so verringert. Wenn die Genomforscher z.B. eine Gruppe von Genen identifizieren, die eine Rolle bei Lungenkrebs

19. Juni 2004

spielen können, würde man ihr Vorkommen bei Gesunden und Krebspatienten vergleichen. Die Differenzen (Polymorphismus) zwischen den Gensequenzen könnten ein Maß der Wahrscheinlichkeit sein, an Krebs zu erkranken.

Oft sind es nur einzelne Basenpaare, die mutiert sind (single nucleotide polymorphism, SNP), so von A(denin) zu G(uanin) oder von T(hymin) zu C(ytosin). 2 Millionen SNPs sind bereits in Datenbanken erfasst. Man nennt sie auch liebevoll »snips«, Schnipsel.

Die Information kann nun für diagnostische Tests benutzt werden: Menschen mit höherem Krebsrisiko werden so gewarnt. Außerdem lässt sich herausfinden, welches Arzneimittel bei welcher Person am wirksamsten ist. Das beta-2AR-Gen bestimmt beispielsweise, wie gut Asthmapatienten auf Albuterol ansprechen (öffnet den Atemweg durch Entspannen der Lungenmuskeln). Von diesem Gen gibt es beim Menschen jedoch 4 bis 5 verschiedene Variationen (Allele). Das erklärt, warum bei etwa 25 Prozent der Fälle Albuterol nicht gut funktioniert.

Für die Pharmaindustrie könnte sich die Pharmakogenomik als zweischneidig erweisen. Die Zeit der »Blockbuster« für alle mit Milliardengewinnen ist vorbei. Maßgeschneiderte Pharmaka wären dann der Renner. Für meinen Schwiegerpapa Harry Müller käme also nur »Müllerol H plus« in Frage.

Aber ist das nicht auch der Weg in die Zweiklassenmedizin? Nicht voll wirksame Medikamente »von der Stange« für die Vielen, »persönliche« Super-Pharmaka für Wohlbetuchte?

Fachleute sagen voraus, dass in etwa 5 Jahren der Arzt Genom-Informationen nutzen kann, um exakte Verschreibungen ohne Nebeneffekte zu tätigen, bei einem Preis von ca. 500 US-Dollar je Genomanalyse.

Für 2040 erwartet man, dass Ärzte fast völlig auf der Basis des Patienten-Genoms arbeiten. Ich bin dann 89 und freue mich schon darauf!

Inzwischen freuen sich leider auch andere auf diese Informationen: Versicherungen, Firmenleitungen und Regierungen sowie deren Geheimdienste...

Die (erschreckend geringe) Effizienz von Arzneimitteln (zitiert nach Allen Roses): Alzheimer-Krankheit 30 Prozent, Analgetica (Schmerzmittel) 80 Prozent, Asthma 60 Prozent, Herz-Arhythmien 60 Prozent, Depression (SSRI) 62 Prozent, Diabetes 57 Prozent, Hepatitis C 47 Prozent, Inkontinenz 40 Prozent, Migräne (akute) 52 Prozent, Migräne (Prophylaxe) 50 Prozent, Krebsmedikamente 25 Prozent, Rheumatoide Arthritis 50 Prozent, Schizophrenie 60 Prozent.

Computer auf den Kompost!

Im Zorn wollte schon mancher seinen Computer auf den Müll werfen, aber »entsorgt« wäre er damit noch lange nicht – die ausgesonderten Geräte und Materialien bereiten zunehmend Kopfzerbrechen. Doch in Japan scheint man wieder mal nahe an einer Lösung zu sein.

Wer dort seine Rechnung von der Telefonfirma NTT DoCoMo bekommt, dient (ein wenig) der Umwelt: Das Plastik-Sichtfenster des Briefumschlags begann sein Leben nicht in einer Erdölquelle, sondern auf einem Maisfeld. Es besteht aus Polylactat (engl. polylactic acid, PLA). Lactat ist Milchsäure, bekannt vom Muskelkater oder aus der Joghurt-Werbung. Beim Polylactat ist die Milchsäure zu einer Kette verknüpft. Es wird aus Glucose durch mikrobielle Fermentation von Maisstärke gewonnen. Seit 2002 steht in Nebraska (USA) eine Anlage, die jährlich 140 000 Tonnen PLA produzieren kann und es unter dem schönen Namen »NatureWorks™PLA« vermarktet. Eine japanische Firma z.B. erzeugt daraus dünne transparente Folien. Für ein A4-»Blatt« braucht man ca. 10 Maiskörner.

Das Bioplastik-Material macht in Japan Furore. Die Japaner waren schon immer Vorreiter in Sachen Biotechnologie – begrenzte Ressourcen (Rohstoffe, aber auch Platz für Mülldeponien) verschärfen die Probleme und machen erfinderisch. Jährlich werden 15 Millionen Tonnen Erdöl importiert, und Zehntausende Meerestiere rund um die japanischen Inseln gehen jedes Jahr durch nichtabbaubare Plastikabfälle elendig zu Grunde.

Der Autoriese Toyota hat nun angekündigt, die Hüllen von Ersatzreifen und Fußmatten aus PLA herzustellen, Sanyo kommt gar mit einer »Pflanzen-CD« aus PLA auf den Markt. Die Computerfirma Fujitsu plant, einen »Veggie-Notebook-Computer« anzubieten, dessen Gehäuse kompostierbar ist!

Hinderlich sind noch die Wärmeempfindlichkeit des Materials und sein Preis. »Kein Problem bei eiskalter Cola, aber bei 60 Grad Celsius wird PLA weich – und wer möchte schon seinen heißen Teebecher in der Hand dahinschmelzen sehen«, sagt Noboyuki Kawashima von Mitsui Chemicals Ltd. »Natürlich werden wir diese technischen Probleme aber lösen!« Bioabbaubare Teebeutel und Esscontainer sind in Entwicklung. Mit 500 Yen (ca. 5 Euro) ist ein Kilo Bioplastik allerdings noch mehr als drei Mal so teuer wie aus Erdöl produziert. Das dürfte sich aber ändern, sobald PLA-Produkte Massenbedarf werden.

Wenn sich also in Zukunft Plastikabfälle in unserer Umwelt

wirklich in »Wohlgefallen« auflösen, ist das ein Erfolg neuer Bioprodukte. Dann wäre die Einbahnstraße Rohstoff – Produkt – Abfall zu Gunsten eines natürlichen Kreislaufs abgeschafft worden.

In der Medizin ist PLA schon lange in Gebrauch – z.B. in Form selbst auflösenden Nahtmaterials und sogar als Knochen-Schrauben.

Bei plastischen Gesichtsoperationen findet PLA als Hydrogel seinen Einsatz, und ist, wie sollte es anders sein, zunehmend ein Renner im Anti-Falten-Geschäft. Ein New-Fill® genanntes Produkt auf PLA-Basis wird dabei insbesondere unter tiefere Falten gespritzt. Nach ca. vier bis sechs Wochen kommt es zu einem natürlichen Aufbau des Hautvolumens und damit zu einem Ausgleich von Falten und Konturdefekten. Die Wirkung kann (anders als beim neulich beschriebenen Botox) zwei Jahre und länger anhalten.

Nachrichten vom Kater

Gegen den Alkohol-Kater nach einer fröhlichen Party gibt es hunderte Rezepte: durch viel Trinken die Dehydrierung überwinden, den Verlust an Mineralstoffen mit Rollmops und sauren Gurken ausgleichen, Kaffeebohnen kauen. Ein neuer Geheimtipp ist Fructose. Also vor dem Zubettgehen oder am nächsten Morgen Fruchtzucker in größeren Mengen essen und dazu viel Wasser trinken. Andere schwören auf Vitamin B6, auch ich habe mit beiden gute Erfahrungen gemacht.

Menschen mit Fructose-Unverträglichkeiten (Fructoseintoleranz) seien jedoch gewarnt, da Überdosen sogar zum Tod führen können. Ungefährlich ist dagegen die Fructose- und Vitamin-Aufnahme beim Frühstück über Honig und Marmelade, oder selbstverständlich über viel frisches Obst. Noch viel einfacher ist es allerdings, am Vortag den Leberenzymen einfach weniger Arbeit (Ethanol) zuzumuten.

Die biochemischen Ursachen für den Kater sind aber nach wie vor unklar, dabei könnte man Millionär werden mit einer sicheren Anti-Kater-Pille!

Einen neuen Erklärungsversuch liefern kanadische Forscher: Bei grippalen Infekten sind von weißen Blutzellen produzierte Cytokine verantwortlich für Übelkeit, Schwäche und Kopfschmerzen. Sie werden auch durch bestimmte Inhaltsstoffe alkoholischer Getränke, so genannte Congemere, stimuliert. Dunkle Alkoholika enthalten besonders viel davon. Den schlimmsten Kater hat man nach Brandy, gefolgt von billigem

17. Juli 2004

Rotwein, Rum, Whisky, Weißwein, Gin, Wodka und schließlich reinem Ethanol. Weil die Congemere relativ schnell abgebaut werden, hält die Katerstimmung glücklicherweise nur etwa einen Tag an.

Ein weiteres Wundermittel, ein Kaktus-Extrakt, verringerte in neuesten US-Studien den Kater und gleichzeitig proportional die Konzentration von einem Indikator für Entzündungsprozesse im Blut, dem C-reaktivem Protein (CRP). Der Kater als Entzündung also.

Das erscheint glaubhaft, aber es gibt auch andere Deutungen. Viele Wissenschaftler meinen, nicht die Congemere machen den Kater, sondern das Ethanolabbauprodukt Acetaldehyd. Es entsteht in der Leber durch das Enzym Alkohol-Dehydrogenase und wird dann vom nächsten Enzym Acetaldehyd-Dehydrogenase zu harmloser Essigsäure abgebaut.

Bei manchen meiner asiatischen Kollegen sind die Abbauenzyme übrigens von Natur aus weniger wirksam als meine hier vielbestaunten Enzyme »made in Germany« (die außerdem ein fünfjähriges Trainingslager im Lande der Sowjets absolvierten). Viele Chinesen und Japaner sind schnell beschwipst (zumindest ökonomisch günstig!), dann auch total lustig. Sie bekommen rote Köpfe – und am Morgen danach von relativ wenig Alk einen schlimmen Zustand, der in China »mao maoooo« mauzt...

Einer meiner japanischen Kollegen zeigte auf meinen Schädel am Morgen nach der Sake-Party und fragte höflich: „Ka-zen-ja-meru deska?"

Ob Congemere, Cytokine oder Acetaldehyd – die Biochemie allein reicht nicht aus, die großen Unterschiede in der Reaktion der Menschen auf Alkoholika zu erklären. So ergab eine amerikanische Studie mit über 1100 Teilnehmern, dass etwa ein Viertel der Befragten trotz exzessiven Alkoholgenusses überhaupt keine Beschwerden hatte. Schuldgefühle, Wut, Depressionen und vorausgegangene Schicksalsschläge hatten in dieser Untersuchung einen viel größeren Einfluss auf den Brummschädel als die bloße Alkoholmenge.

Also goldene Zeiten für Kater in »Reform-Deutschland« ...

Fidel rettet die US-Biotechnologie

Auf kalorienreduzierten Light-Getränken steht häufig HFCS. Dies ist aus Mais gewonnener Sirup mit hohem Fructose-Gehalt (high fructose corn syrup). HFCS war ein erstes Biotech-Produkt, das vom Verbraucher als Nahrungsmittel akzeptiert wurde.

Der Zuckerverbrauch der Welt steigt. Der Anbau von Zuckerrüben und Zuckerrohr erfordert aber entsprechende klimatische Bedingungen und gute Böden. Doch auch aus Stärke (lat.: amylum), dem natürlichen Speicherprodukt der Pflanzen, kann Zucker gewonnen werden – Traubenzucker (Glucose).

Pflanzen mit hohem Stärkeanteil (wie Kartoffeln, Getreide, Maniok, Bataten) sind viel genügsamer, der Anbau demzufolge sehr verbreitet und das Produkt gut speicherbar. Spezielle Enzyme (Amylasen) bauen Stärke zu Glucose ab, doch die besitzt nur drei Viertel der Süßkraft von Rohr- oder Rübenzucker (Saccharose), müsste also in erhöhten Mengen eingesetzt werden.

Fruchtzucker (Fructose) dagegen übertrifft die Süßkraft von Saccharose um rund 80 Prozent und ist damit mehr als doppelt so süß wie Glucose. Geniale Idee: Verdopplung der Wirkung durch chemisches Umbauen der Glucose zu Fructose! Enzyme können das.

Beispielsweise die 1957 entdeckte Glucose-Isomerase (GI). Ab 1967 produzierte in den USA damit die Clinton Corn Processing Company Fructose-Sirup, der jedoch anfangs nur 15 Prozent Fructose enthielt.

Fideler Fidel

Außerdem wurde bald klar, dass der GI-Prozess nur dann ökonomisch rentabel sein kann, wenn das teure Enzym nicht nur einmal verwendet wird. Wie kann man Enzyme wiederverwendbar machen? Man muss sie fixieren (immobilisieren), ohne ihre Aktivität einzuschränken.

Ein Gang über den Hongkonger Vogelmarkt zeigt das Prinzip: Chinesische Nachtigallen, eingeschlossen in sehr hübschen, aber winzigen Holzkäfigen. Sie haben ein klein bisschen Bewegungsfreiheit, ihr Gesang lässt auf Zufriedenheit schließen, sie werden gefüttert und liefern die Verdauungsprodukte vor Ort, ohne zu entweichen.

Die Enzymmoleküle wurden also in Käfige aus Polymeren »gesperrt«, und ab 1968 betrieb die CCPC ein Verfahren mit immobilisiertem Enzym, das 42-prozentige Fructose lieferte. 1972 schließlich gelang es, ein kontinuierlich arbeitendes System zu entwickeln.

Doch in den 60er Jahren lag der Preis für Zucker bei 15 bis 20 US-Cents pro Kilogramm. Fructosesirup war auch nicht billiger zu produzieren, so dass Skeptiker schon das Ende der süßen Biotechnologie sahen – zu früh!

Im November 1974 kletterten die Kilo-Preise auf 1,25 Dollar. Kuba, die vormalige Zuckerdose der westlichen Welt, hatte sich konsequent politisch und wirtschaftlich der Sowjetunion angeschlossen.

Nach dem Debakel in der Schweinebucht sollte zwar Zuckerrohranbau auf den Philippinen die USA »störfrei« machen, aber es gab Anlaufprobleme. So wurde der Enzymprozess förmlich über Nacht sehr attraktiv.

Als die Zuckerpreise Ende 1976 wieder auf 15 Cent je Kilogramm fielen, war der neue Prozess erfolgreich etabliert und hatte sich durchgesetzt. Die Herstellungskosten lagen unter denen für Saccharose, und auf den Philippinen begann wegen der enttäuschten Hoffnungen eine der (zahlreichen) Regierungskrisen.

Derzeit werden weltweit jährlich 100 000 Tonnen Glucose-Isomerase und damit dann 9 bis 10 Millionen Tonnen Fructosesirup erzeugt und vor allem von den Yankees konsumiert.

Eigentlich sollten sich Coke und Pepsi beim Máximo Líder nachträglich herzlich bedanken ...

Wer vergiftet Nemo?

Der kleine Clownfisch Nemo aus dem Pixar-Trickfilm besteht tolle Abenteuer, und Kinder lernen eine Menge über das Leben der Korallenriffe. Begeistert kaufen die Hongkonger Tausende Clownfische für ihre Sprösslinge. Dabei wissen die guten Eltern nicht, dass ausgerechnet sie Feind Nummer eins des süßen Nemo sind: In den Fischrestaurants Asiens werden herrliche Korallenfische in Schauaquarien ausgestellt, ausgesucht und auf kurzem Weg zubereitet. Essen muss für Chinesen frisch sein, ein eigentlich völlig richtiger Ansatz. Außerdem gilt: Je größer der Fisch, desto besser kann man den Geschäftspartner beeindrucken.

Doch wie kommen die Superfische lebend und ohne hässliche Spuren von Angelhaken ins Aquarium? Ein armer Teufel taucht in Indonesien oder auf den Philippinen ins Korallenriff, bewaffnet mit einer Plastikflasche voller Cyanidlösung. Er schwimmt an die nichts ahnenden großen Riff-Fische heran und drückt ihnen eine Ladung Blausäure in Maul und Kiemen.

Das Salz der Blausäure Kaliumcyanid (Cyankali) ist ein Atmungsgift. Der deutsche Nobelpreisträger Otto Warburg fand 1926 heraus: Cyanid bindet sich bei Metallen fest an Stelle des Sauerstoffs, z.B. auch an das Eisen des Hämoglobins und der Atmungsenzyme. Man erstickt also regelrecht.

Als begeisterter Taucher konnte ich es nicht fassen: Die Fische werden gezielt vergiftet, beginnen zu taumeln

31. Juli 2004

und verlassen auf der Suche nach frischem, sauerstoffhaltigem Wasser ihre Verstecke im Riff. Riesige Exemplare wie der bis zu zwei Meter lange Napoleonfisch sind total hilflos und werden per Hand hinauf zum Boot geschleppt, dort sofort in klares Wasser gesetzt. Haben sie das überstanden, bauen ihre Leberenzyme das Cyanid schnell ab, sie werden nun mit dem Flieger nach Hongkong, Singapur und andere Städte gebracht. Für den »Verbraucher« ist es ungefährlich, bittere Mandeln enthalten weit mehr Blausäure als diese Fische.

Die Folge? Die großen Fische werden gezielt »abgeräumt«, damit fehlt dann der Nachwuchs. Die Cyanidwolke bleibt im Riff und vergiftet auch Kleinlebewesen. Tote Korallenriffe nehmen rapide zu. Die Fischhändler ziehen weiter zu unberührten Plätzen, noch gibt es sie.

Die betroffenen Länder haben vor Jahren analytische Labors eingerichtet, um Exportgenehmigungen auszustellen. Wie weist man nach, dass die Fische cyanidfrei sind? »In zwei Minuten oder gar nicht!« Ein Augenzeuge berichtet: »Du kommst in den Raum des Verantwortlichen, und da steht rein zufällig eine Schublade am Schreibtisch offen. Du wirfst eine kleine Spende rein und der Stempel wird aufs Formular geknallt. Oder eben nicht.« Und vorsichtig: »Aber vielleicht habe ich das auch nur geträumt...«

Meist ist das Cyanid im Fisch ohnehin abgebaut und das Messverfahren so ungenau, dass ein Nachweis mit der klassischen Methode (Destillation und Cyanid-Elektrode) großer Zufall ist.

Jetzt hat unsere Gruppe einen hoch empfindlichen Enzymtest entwickelt. Doch die ansonsten sehr korrekten Hongkonger Behörden waren nicht gerade begeistert, als ich unseren Cyanid-Biotest vorstellte: »Da steigen hier ja die Preise, und wir alle essen gerne Fisch...«, war noch der netteste Kommentar. Fakt ist, dass ein Fischer mit Cyanid im Vergleich zu Angel und Netz in kürzester Zeit das -zigfache an Fisch fangen kann. Es ist so bequem: Gift rein, Fisch raus!

Was hat nun Deutschland damit zu tun? Es ist ein Volk von begeisterten Aquarianern. Doch auch Aquarienfische werden zunehmend mit Cyanid gefangen, Export hauptsächlich in die USA. Alle mit einem amtlichen Zertifikat »Cyanidfrei«... Jajaaa, das Cyanid kann eben nicht mehr nachgewiesen werden!

Aber wir arbeiten weiter daran und haben mit Kollegen der japanischen Tottori-Universität neue Enzyme gefunden, die Cyanid aus dem Atmungssystem lösen und damit messbar machen. Die Analytische Biotechnologie wird zur Hoffnung für Nemo und seine Freunde, deren Uhr läuft...

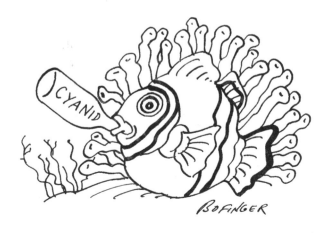

007 und die Suppenwürze

James Bond verhinderte in einem der ersten Filme der Reihe (von Sean Connery unvergesslich dargestellt) im Dienste der britischen Krone in Japan nichts geringeres als einen Weltkrieg, der zwischen Sowjets und Amerikanern durch Wegfangen von Raumschiffen provoziert werden sollte. Er tarnte sich als Geschäftsmann und orderte, geheimnis- und bedeutungsvoll das Wort »mono-so-dium-glu-tama-te« buchstabierend, etliche Tonnen der chemischen Substanz MSG. Nur wenige Zuschauer begriffen damals die feine britische Ironie, denn diese Substanz trifft man als Suppenwürze Natriumglutamat auf Schritt und Tritt, und dies inzwischen weltweit!

Die geschmacksverbessernde Substanz in der pazifischen Meeresalge *Laminaria japonica* wurde schon 1908 in Japan als Glutamat identifiziert. Das Salz der Aminosäure L-Glutaminsäure (L-Glutamat) verstärkt den Geschmack von Suppen und Saucen deutlich. Der Japaner Kikunae Ikeda nannte diesen Geschmack UMAMI. Dieser Geschmack ist weder salzig noch süß, weder bitter noch sauer. Bis dahin war man der Meinung, die Zunge könnte nur diese vier Geschmacksrichtungen identifizieren.

Die japanische Firma Ajinomoto (zu deutsch: »Geschmacksessenz«) gewann das L-Glutamat seit 1909 durch Fermentation. In Japan, China und Korea werden schon seit Jahrhunderten Schimmelpilze eingesetzt, um die eiweißreiche Sojabohne (Proteingehalt: 35 Prozent) und Reis durch Schimmelpilz-Enzyme (stärkespaltende Amylasen, eiweißspaltende Proteasen) für eine nachfolgende alkoholische und Milchsäuregärung aufzuschließen. Sojasauce entsteht aus einer Soja-Weizen-Mischung unter Mitwirkung des Schimmelpilzes *Aspergillus oryzae*. Sie enthält neben 18 Prozent Kochsalz über 1 Prozent Glutamat und 2 Prozent Alkohol.

Der Bedarf an Glutamat stieg nach dem Zweiten Weltkrieg mit dem Aufkommen von Fertiggerichten, Soßenpulvern und Gewürzmischungen stark an. 1957 fand der Japaner Kinoshita von der Konkurrenzfirma Kyowa Hakko mit einem Such-Test Bakterien, die in der Lage waren, Glutamat anzusammeln, wenn sie auf Glucose wuchsen. Das Bakterium erhielt den Namen *Corynebacterium glutamicum*. Mit ihm wurde die Produktion weit effektiver.

Die Herstellung von Glutamat durch Mikroorganismen übersteigt 1 000 000 Tonnen pro Jahr, vor allem durch die japanische und zunehmend auch die chinesische

Bioindustrie. Inzwischen produzieren die Bakterien bis zu 150 Gramm Glutamat pro Liter Kulturflüssigkeit. Trotz des Spott-Preises von etwa einem Dollar pro Kilogramm ist der Markt weltweit inzwischen auf eine Milliarde US-Dollar angewachsen!

Allen Mitmenschen, die allergisch auf Glutamat reagieren, sei gesagt: Meine chinesischen Freunde sind der Meinung, dass nur ein schlechter Koch zusätzlich reines Glutamat einsetzt, um seine Gerichte schmackhaft zu präsentieren. In Japan werden jährlich rund 10 Liter Sojasauce pro Kopf(!) konsumiert.

Das »China-Restaurant-Syndrom« ist unter Forschern umstritten. Reine Psychologie, sagen die einen, aber es gibt ernsthafte »Langnasen« unter meinen Bekannten in Hongkong, die damit wirkliche Probleme haben.

Leuchte, Fischlein, leuchte

Nach dem Kunstwesen Nemo macht ein reales Fischlein in den USA Furore: ein Aquarienfisch, der unter Ultraviolettlicht rot leuchtet – das erste genmanipulierte Haustier.

Die Leucht-Euphorie der Biotechnologen begann vor etwa 20 Jahren. Damals schleuste man das Gen für das Glühwürmchen-Enzym Luciferase in Zellen von Tabak ein. Wurde nun mit dem Gießwasser das Substrat Luciferin in die Pflanze gebracht, löste Luciferase einen Umwandlungsprozess aus, und die genmanipulierten Pflanzen begannen, grünlichgelb zu leuchten.

Ziel der Versuche waren nicht die Verlagerung der Tabakernte in die Nachtstunden oder selbstleuchtende Weihnachtsbäume. Vielmehr diente das Luciferase-Gen den Wissenschaftlern als Marker, um zu erkennen, welche Gene in welchen Teilen der Pflanze aktiv werden. Seit letztem Jahr gibt es im Stall der Münchener Forscher Eckard Wolf und Alexander Pfeiffer 26 grünlich schimmernde Schweinchen. Sie tragen Gene einer Leuchtqualle; auch hier dient das Leuchten als genetische Markierung.

Singapurer Forscher versuchten, den aus dem indischen Ganges stammenden schwarz-weiss gestreiften Zebrafisch (*Danio rerio*) so zu manipulieren, dass der Fisch bei chemischem Stress durch Giftstoffe bzw. in Anwesenheit weiblicher Sexualhormone (Östrogene) grün oder rot aufleuchtet.

Die Japaner, Taiwanesen und US-Amerikaner machten nun aus dieser Leucht-Idee ein Geschäft: das

Haustier »GloFish« (Glühfisch). Für fünf Dollar pro Stück wird GloFish seit Januar in den USA angeboten. Die schnelle Vermarktung hat viele Kenner der Szene irritiert. Keine der drei dafür in Frage kommenden US-Zulassungsbehörden konnte – oder wollte? – es verhindern. Möglicherweise, weil sich niemand dafür zuständig fühlte. Das Umweltamt EPA winkte ebenso ab (»Zierfische sind keine Umweltbelastung!«) wie die Arzneizulassungsbehörde FDA (»Zierfische sind keine Drogen!«) und das Landwirtschaftsdepartment USDA (»Zierfische sind keine Nahrung!«). Der Glühfisch stieß in ein regulatives Vakuum.

Doch selbst wenn diese Lücke demnächst geschlossen werden sollte, bleiben Unsicherheiten und viele Fragen. Beim Ringen um eine Zulassung geht es seit Jahren buchstäblich um »viel größere Fische«, zum Beispiel den transgenen Pazifik-Lachs (mit Zusatz-Wachstumshormon). Er wird etwa 11-mal größer als der normale Fisch, einzelne Exemplare sogar 37-mal; der Wildlachs sieht dagegen zwergenhaft aus. Ein anderes Ziel ist die »Abhärtung« ökonomisch interessanter Fischarten durch die Übertragung des Gens für ein Antifrost-Protein für die Haltung in den kälteren Gewässern der Arktis.

Doch wer kann garantieren, dass sie nicht eines Tages aus den Fischfarmen entwischen? Transgene Rinder und Schweine verwildern nicht so einfach ... Anders Fische!

Ein bitterböses Beispiel (ohne Gentechnik!) hat der Nilbarsch (*Lates niloticus*) geliefert, der im afrikanischen Victoriasee einmal in guter Absicht ausgesetzt

wurde. Er verdrängte mittlerweile fast alle lokalen Fischarten, vor allem die berühmten Victoria-Buntbarsche. So wurde ein einzigartiges Biotop kurzsichtig und leichtfertig durch Einsatz eines konkurrierenden Fremdlings zerstört.

Forscher der Purdue University (West Lafayette, USA), die seit vielen Jahren transgene Fische erforschen, fanden bei japanischen Verwandten des Zuchtlachses, dem »Medaka«, dass transgene Männchen einen deutlichen Vorteil besitzen : Bis zu viermal so häufig wie ihre wilden Artgenossen befruchten sie die Eier. In spätestens fünfzig Generationen, so schließen die Forscher aus ihren Computersimulationen, würden die Wildformen in der Natur verschwunden sein.

Schlechte Aussichten also für die Zulassung transgener Fische – und auch für die jeweilige Regierung in Berlin: Könnte man doch mit dem Umwelt-GloFish aus Singapur als kostenlose Wahlwerbung ohne Zusatzkosten überall leuchtend rote oder auch grüne und gelbe Gen-Fischlein in der Spree schwimmen lassen. Genug östrogenähnliche Verunreinigungen gibt es dort ja.

Problematisch sind allerdings schwarze Fische: sie leuchten kaum...

Aspartam – das süße Nichts

Erstmals in der Geschichte hat die Zahl der unterernährten Menschen und die der Überernährten einen makaberen Gleichstand erreicht. Neue Hoffnung für die Dicken der Welt brachten süße Kalorienkiller: James Schlatter, Chemiker des amerikanischen Pharmaproduzenten G. D. Searle, testete 1965 Peptide, kurze Ketten aus verschiedenen Aminosäuren, als Präparate gegen Magengeschwüre. Versehentlich schüttete er sich im Labor Tropfen eines seiner Präparate über die Hand. Als er später beim Auflesen eines Papierschnipsels gedankenlos eine Fingerspitze mit der Zunge befeuchtete, schmeckte der Finger zuckersüß. Böse Zungen behaupten, er hätte in Wirklichkeit im Labor geraucht, was natürlich streng verboten ist. Die Testsubstanz besaß, wie sich später herausstellte, die 200fache Süßkraft von Rüben- oder Rohrzucker!

Der neue Superzucker Aspartam ist ein »Mini-Eiweiß«, ein Methylester der beiden Aminosäuren L-Asparaginsäure und L-Phenylalanin. Beide können biotechnologisch durch Bakterien in Bioreaktoren produziert werden. Aspartam wird zwar von den Verdauungsenzymen im Darm gespalten, 1 Gramm Aspartam, der Tagesbedarf an Süßem eines Erwachsenen, liefert aber nur 4 kcal, weit weniger als ein Hundertstel der Energie, die ein Mensch gewöhnlich mit Zucker zu sich nimmt. Der zweite Vorteil von Aspartam: Es ist nicht nur kalorienarm, sondern schmeckt (bis auf den fehlenden »Körper«) auch exakt wie Zucker, hat also nicht den metallischen Beigeschmack seiner Konkurrenten Saccharin und Cyclamat.

Aspartam, meist als »NutraSweet®« im Handel, kam zur rechten Zeit: Ende der 70er Jahre schwappte die Fitnesswelle über die USA. Als die »Mittelschicht«-Amerikaner joggten, Rohkostpartys gaben und mit der Kalorientabelle in der Hand einkauften, begann der Siegeszug von Aspartam. 10 000 Tonnen pro Jahr werden inzwischen weltweit von dem Süßstoff erzeugt.

Softdrinks wie »Pepsi Cola« verwenden oft reines Aspartam. In Coca Cola light wird es anderen Ersatzzuckern beigemischt. Es ist lebensmittelrechtlich zugelassen. Phenylketonurie-Patienten (0,006 Prozent der Bevölkerung) seien aber vor Aspartam gewarnt, da es als Baustein die Aminosäure Phenylalanin enthält. Cola enthält dafür einen Extra-Warnhinweis.

Kein Nährwert, kein Karies-Futter. Aber auch: Keine Fettposter? Experten bezweifeln das zunehmend. »Light«-Produkte suggerieren dem Körper beim Verzehr, dass viel Energie zugeführt wird, die aber dann nicht kommt ... Heißhunger des »enttäuschten« Körpers ist die Folge.

Mit gelindem Grausen sehe ich meine (noch) schlanken chinesischen Studenten bei McDonalds auf dem Campus Schlange stehen.

Aspartam ist, wie gesagt, 200-mal süßer als Rübenzucker. Andere Süßstoffe wie Cyclamat sind 40 Mal, Acesulfam 200 Mal, Saccharin sogar 450 Mal süßer als Saccharose, haben aber einen »künstlichen« Geschmack. Oft mischt man verschiedene Süßstoffe, um »echten« Zuckergeschmack zu imitieren.

Ein noch süßeres Eiweiß wurde in den Ketemfe-Früchten eines westafrikanischen Strauches (*Thaumatococcus danielli*) entdeckt: Thaumatin (Handelsname Talin®). Dieser Süßstoff besteht aus 208 Aminosäurebausteinen und ist etwa 2500 Mal süßer als Zucker. Da die Kosten zur Gewinnung dieses Süßstoffes aus den Pfeilwurzgewächsen sehr hoch sind, versucht man, sie durch genmanipulierte Mikroben herstellen zu lassen.

Viele Tiere lieben Thaumatin. Es hält sich das hartnäckige Gerücht, dass Katzen eine bestimmte Katzenfuttermarke nur deshalb so heftig begehren und riesige Massen fressen, weil der Hersteller Thaumatin zusetzt. Bisher sagte man hier zu Lande nur, dass sich Hund und Herrchen gleichen...

...and heavy boy

Irrashaimasu, Baio-teku

»Irrashaimasu, Baio-teku!« (Willkommen, Biotechnologie!) Eine zarte japanische Hand reicht mir eine blaue Nelke zur Begrüßung; die BIO-Japan-Ausstellung ist ein Publikumsrenner in Tokio. Drei Schritte weiter erfahre ich, dass ich soeben eine echte transgene Pflanze dankend angenommen habe – wie alle anderen Besucher. Gene blauer Petunien wurden gentechnisch auf weiße Nelken übertragen. Blaue Rosen sind das nächste Ziel der Whiskyfirma Suntory, die natürlich nicht versäumt, auch auf »Suntory oldu whisky« hinzuweisen. Japanische Familien sitzen an flachen Tischen und üben Ikebana mit transgenen Nelken, die auch noch haltbarer sein sollen als ihre normalen Schwestern. 400 Yen (knapp 3 Euro) kostet eine am Hauptbahnhof.

Eine Charme-Offensive der japanischen Biotechnologen rollt an, denn noch werden Gentech-Tomaten und Gentech-Reis mehrheitlich abgelehnt. Gentech-Lachse warten auf die Genehmigung, um den Markt zu überschwemmen. Der japanische Hammerwerfer Koiji Murofushi, Goldmedaillengewinner von Athen, konsumiert immerhin biotechnologisch erzeugte Aminosäuren des Lebensmittelkonzerns Ajinomoto: Nahrungsergänzung, kein Doping.

Noch ist Japan der Aminosäureproduzent Nummer 1, doch schon hart bedrängt von China. Murofushis Erfolgs-Getränk »aminoVITAL« mit den Eiweißbausteinen Prolin, Alanin, Leucin, Isoleucin, Valin, Glutamat und allen wichtigen Vitaminen muntert müde Messebesucher, auch mich, tatsächlich sofort auf. Andere Aminosäuren werden in Hautcremes und Haarwaschmitteln verwendet.

Enzyme (»koso«) waren schon immer in Japan anerkannt: Japanische Waschmaschinen waschen seit jeher mit kaltem Wasser, brauchen also Proteasen, Amylasen und Lipasen, um Verschmutzungen durch Eiweiße, Stärke und Fette ohne Kochen schnell abzubauen. »Koso-pauwa« (Enzymkraft) heißen die Biowaschmittel.

Andere Enzyme lösen Bioplastik in Minuten auf. Polylactat (PLA)-Rucksäcke und selbst stabile, aber bioabbaubare Seile sind im Angebot. Müllsäcke und Plastikbestecke verschwinden nach 3 bis 4 Wochen aus der Umwelt.

Bei Biosensoren ist Japan führend. Glucosesensoren wurden übrigens zeitgleich Mitte der 70er Jahre in Japan und in der DDR entwickelt. Heute sind Glucose-Taschengeräte und gentechnisch erzeugtes Insulin für viele Diabetiker unverzichtbar. »Bio-Ess-Stäbchen«, die vor zu viel Glutamat warnen, sind allerdings mehr ein Gag, ebenso das »intelligente Bio-WC für die verehrten Senioren«, bei dem im Urin automatisch der Glucosewert gemessen wird. Im Ernstfall alarmiert der Biosensor das Hospital – welche Aufregung, landet ein schales Bier direkt im Klo!

In nur 5 Minuten wird meine kritische Karies-Situation offenbar – ein Tropfen Speichel genügt, um *Streptococcus-mutans*-Bakterien nachzuweisen. Da hilft Enzym-Zahncreme, denn sie baut hartnäckige Speisereste zwischen den Zähnen ab.

Der Sojasaucenproduzent Kikkoman brilliert in einem abgedunkelten Raum: Eine Sektglas-Pyramide wird aufgefüllt und beginnt zu fluoreszieren. Das Glühwürmchen-Enzym Luciferase (gentechnisch erzeugt) im Sekt macht's möglich.

Überhaupt ist gute Laune angesagt in Japans Biotechnologie. Deutsche Aussteller jammern: »Japan, du hast es besser!« Ja, sie tun etwas, die Japaner, für die Akzeptanz bei der Bevölkerung.

Kindergruppen fädeln in einem Vorraum der BIO-Japan farbige Perlen auf Drähte. Sie lernen, dass blaue A(denin)- und gelbe T(hymin)-Perlen einerseits sowie grüne C(ytosin)- und rote G(uanin)-Perlen andererseits zusammengehören – und schon ist eine kleine DNA-Doppelhelix als Schmuck entstanden. Keine Angst vor DNA!

»Und wann kommt der Bio-Fuji?«, frage ich scherzhaft meine japanischen Professorenkollegen. Die sind humorlos: »Fuji-san ist der heilige Berg und bleibt deshalb von der Biotechnologie verschont. Man erfreue sich bitte nur an seinem schönen Anblick...«

Die Fliege und das Vitamin C

Eine chemische Sensation wurde 1933 aus den Kellerlabors des Polytechnikums in Zürich gemeldet: die Synthese von Vitamin C, der L-Ascorbinsäure.

Bei dem Verfahren baute der aus Polen stammende Tadeusz Reichstein (1897–1996) erst einmal Glucose über mehr als zehn Zwischenstufen chemisch zu L-Xylose ab und verwandelte letztere dann mit Blausäure zu Vitamin C. Für eine Großproduktion war die Methode jedoch viel zu kompliziert und die Ausbeute zu gering. Gerade Vitamin C braucht der Mensch, verglichen mit anderen Vitaminen, aber in großen Mengen.

Reichstein und sein junger Kollege Grüssner versuchten deshalb einen zweiten Weg. Sie wollten zunächst Sorbose als Zwischenstufe herstellen, das schien aber nicht weniger kompliziert. Doch dann stießen sie auf eine Beobachtung des französischen Chemikers Gabriel Bertrand aus dem Jahre 1896: Das Essigsäurebakterium *Acetobacter suboxydans* verwandelt das leicht erzeugbare Sorbit in Sorbose.

Reichstein tat nun für einen Chemiker seiner Zeit etwas Ungewöhnliches – er dachte »biotechnologisch« und kaufte sich von Mikrobiologen reine *Acetobacter*-Kulturen. Aber diese Bakterien wollten Reichstein nicht dienen.

Bertrand hatte aber glücklicherweise auch eine Methode entdeckt, um wilde Sorbosebakterien »einzufangen«. 50 Jahre später erinnerte sich Reichstein an die Beschreibung:

»Man nimmt Wein, tut etwas Zucker und Essig rein und lässt das alles in einem Glas stehen. Durch dieses flüssige Gemisch angelockt, schwärmen kleine Fliegen herbei, Drosophila mit Namen. Drosophila, auch Fruchtfliege genannt, hat solche Bakterien in sich, im Darm, und wenn die Fliege nun an diesem Saft zu saugen beginnt, gehen da gleich ein paar von diesen Bakterien weg und fangen an, Sorbose zu machen.«

Als Reichstein sein Experiment plante, war schon Spätherbst, Fruchtfliegen waren nicht mehr zu sehen. Aber es war auch mild, und er wollte nicht noch bis zum nächsten Sommer warten. So hat er es also dennoch versucht:

»In den Wein habe ich anstatt Zucker gleich Sorbit reingetan, etwas Essig wie vorgeschrieben, aber auch Hefebouillon. Fünf Becher von dieser Lösung habe ich vor das Fenster meines Kellerlabors gestellt, von dem aus man die Sonne gerade noch sehen konnte. Das war an einem Samstag. Und ich habe gedacht, wenn die Fliegen kommen, ist es gut, wenn nicht, ist auch

nichts verloren. Am Montag bin ich zurückgekommen, alles war eingetrocknet. Aber zwei Becher waren voller Kristalle. Wir haben diese Kristalle angeschaut – es war reine Sorbose!

In einem Glas ist noch eine Drosophila drin gewesen, die ist ersoffen. Und von dieser Drosophila gingen strahlenförmig die Sorbosekristalle aus. Diese wilden Bakterien haben also Sorbose in zwei Tagen gemacht, was die gekauften in sechs Wochen nicht konnten!«

Und weiter: »Aus der Sorbose konnte man dann tatsächlich auf sehr einfache Weise Vitamin C bekommen, sofort grammweise, und man konnte auch bereits sagen, dass es möglich sein würde, es tonnenweise zu produzieren. Ich glaube wir haben aus 100 Gramm Glucose 30 bis 40 Gramm Vitamin C bekommen. Sagenhaft!«

Man muss unzweifelhaft immer wieder über die Entdeckungen der Wissenschaft staunen, manchmal aber auch über die Eigenartigkeiten ihres Zustandekommens...

Die damals ganz kleine Firma Roche in Zürich übernahm die Produktionslizenz von Reichstein – ein bisschen pikiert, weil es kein rein »chemisches« Verfahren war. Viele Jahre war Hoffmann-La Roche der weltgrößte Hersteller von Vitamin C. Inzwischen allerdings kommen 65 Prozent der globalen Produktion bereits von chinesischen Biotech-Firmen, die erheblich unter Weltmarktpreisen produzieren.

Tadeusz Reichstein erhielt im übrigen 1950 den Nobelpreis für Medizin – allerdings für seine Arbeiten zum Cortison, einem Hormon der Nebennieren.

Zauberkugeln gegen Krebs?

Wer kennt sie nicht, die Zauberkugeln des Jägerburschen Max, gegossen in der Wolfsschlucht des »Freischütz« von Carl Maria von Weber? Unbeirrbar suchen und finden sie ihr Ziel.

Dieses Prinzip faszinierte auch den deutschen Mediziner Paul Ehrlich (1854–1915). Er träumte davon, dass der Einsatz von Antikörpern die Grundlage für eine völlig neue Generation von hochselektiven Medikamenten schaffen würde. Von ihm selbst stammt Salvarsan, ein chemisches Syphilis-Medikament. Inzwischen, 100 Jahre nach Ehrlichs Forschungen mit Antikörpern, scheint die Erfüllung seines Traums nahe.

Monoklonale Antikörper spielen schon heute in der Medizin eine wichtige Rolle, z.B. bei Viruserkrankungen wie AIDS. Mit einem auf HIV spezialisierten Antikörper kann man in Körperflüssigkeiten des Patienten auch geringste Mengen des Virus präzise nachweisen. Derartige Tests sind bereits Routine. Auch Herzinfarkt- und Schwangerschaftstests nutzen Monoklonale. Allerdings sind Tests noch keine Heilung.

Doch es scheint, dass für eine bestimmte Art von Krebs – Non-Hodgkin-Lymphom (NHL) – ein wirksamer Antikörper gefunden wurde. NHL ist eine bösartige Erkrankung des lymphatischen Gewebes, die an vielen verschiedenen Stellen im Körper auftreten kann, so beispielsweise in den Lymphknoten, der Milz, der Thymusdrüse, den Adenoiden, den Mandeln und im Knochenmark.

Zur Zeit leiden rund 1,5 Millionen Menschen weltweit an NHL, und jedes Jahr sterben daran etwa 300 000. Insgesamt nehmen die Fälle pro Jahr um 3 bis 7 Prozent zu, das macht NHL zur Krebsart mit dem zweitschnellsten Wachstum in den USA bzw. dem drittschnellsten in der übrigen Welt. NHL tritt vorwiegend bei Erwachsenen auf, am häufigsten bei den 45 bis 60-Jährigen.

Die Antikörper für die Krebstherapie können aus fusionierten Krebs- und Milzzellen im Bioreaktor erzeugt werden. Sie werden so ausgesucht, dass sie an der Oberfläche von Krebszellen – und nur dort – andocken. Bei den ersten Versuchen gab man ihnen ein Huckepack-Gift mit (z.B. Ricin aus Rizinussamen), um damit die Zielzelle präzise zu vernichten. Das brachte leider nicht den erwünschten Durchbruch, es wurden dabei auch zu viele gesunde Nachbarzellen geschädigt.

Erst als man die monoklonalen Antikörper zusätzlich gentechnisch verändern konnte, gab es Erfolge. Der gentechnisch hergestellte monoklonale Antikörper Rituximab (mab ist abgeleitet von monoclonal antibody) koppelt sich an CD 20, ein Eiweiß auf der Oberfläche von NHL-Tumorzellen. Er trägt kein Gift, sondern aktiviert vielmehr das körpereigene Immunsystem und weist ihm den Weg zur Zerstörung der Zelle, an die er gebunden ist. Dank dieser Wirkungsweise ist Rituximab gut verträglich. Er ist auch einer der ersten »humanisierten« Antikörper: Man hat menschliches Eiweiß gentechnisch mit eingebaut, so dass Rituximab nach seiner Injektion nicht mehr als »fremd« bekämpft wird.

Das ist eine erste Hoffnung. Rituximab ist derzeit eines der wichtigsten NHL-Therapeutika. Sein Umsatz betrug 2002 etwa 1,3 Milliarden US-Dollar, 300 000 Patienten wurden bisher mit ihm behandelt.

Nun versucht man, die monoklonalen Antikörper preisgünstig herzustellen: in der Milch transgener Ziegen oder (ethisch »korrekter«) in genmanipulierten Pflanzen. Und vielleicht kommt eine Frucht in Deutschland doch noch zu Ehren, die ihre (allerdings abschätzige) Symbolkraft in der Nachwende verlor: Manch ein Forscher träumt davon, Monoklonale oder Impfstoffe in Bananen zu produzieren.

Hilfe für das Herz

»Testen Sie Ihr Blut... Ihrem Herzen zuliebe! Soforttest in nur ca. 5 Min.!« wirbt die Dortmunder Kuckelke-Apotheke. Ich besuche gerade die weltgrößte Medizinmesse MEDICA in Düsseldorf und kann als Biotechnologe dem Angebot nicht widerstehen.

Für 15 Euro habe ich 10 Minuten später ein beruhigendes Gefühl: Zwar ist mein Gesamtcholesterin mit 205 Milligramm pro Deziliter ein wenig über dem günstigen Wert, aber inzwischen ist allgemein bekannt, dass der Cholesterinspiegel allein nichts über das Risiko der Arteriosklerose aussagt. Man muss verschiedene Fette im Blut messen.

Kein Problem: Eine kleine Maschine von MICROMEDICAL Instrumente aus dem Taunus hat den Test-Chip schnell ausgelesen. Meine Werte für Triglyceride, das »gute« HDL- (high density lipoprotein) und das »schlechte« LDL-Cholesterin (low density lipoprotein) sowie das »very low density lipoprotein« (VLDL) liegen alle in der Nähe der Richtwerte. Das entscheidende Verhältnis Gesamtcholesterin zu HDL ist exakt 4,0 – haarscharf an der Grenze; darüber wächst das Arteriosklerose-Risiko.

Die nette türkische Apothekerin beruhigt mich zusätzlich: Eigentlich hätte ich auf nüchternen Magen testen müssen, das Frühstücks-Spiegelei »verdarb« die Fettwerte. »Kommen Sie doch das nächste Mal mit leerem Magen!«... Naja, nochmal 15 Euro, wo ich doch ziemlich gesund bin?!

4. Dezember 2004

Die MEDICA zeigt, was an Schnelltests in der nächsten Zeit kommt. Gigantische Automaten für Kliniken und zentrale Labors messen hunderte Substanzen gleichzeitig. Der Trend geht allerdings deutlich in Richtung Dezentralisierung und Schnelltestung an Ort und Stelle (POC – point of care).

In jeder Apotheke findet man schon jetzt handliche Glucose-Biosensoren, Diabetiker ermitteln damit zu Hause sekundenschnell ihren Blutzucker. Die kleine Leipziger SensLab GmbH (inzwischen – 200€ – mit der Firma EKF in Magdeburg fusioniert) zeigt einen Biosensor, der Lactat (Milchsäure) bei Athleten und Freizeitsportlern misst. Trainierte Muskelzellen setzen Glucose aerob besser um und bilden weniger Lactat – ein Zeichen für »Form«. So kann jeder seinen täglichen

Fitness-Zuwachs verfolgen. Wir haben in Hongkong den Leipziger Sensor bei Rennpferden erprobt (parallel zur Dopingkontrolle) – erfolgreich. Wetten, dass sich daraus Ideen ableiten...?

Andere Schnelltests zeigen an, ob ein akuter Herzinfarkt vorliegt. Die rennesens GmbH aus Berlin-Buch hat ihre »lebensrettende Kreditkarte« erweitert. Sie ist nicht nur der weltweit schnellste Test für frische Herzinfarkte innerhalb des lebensrettenden Zeitfensters, sondern signalisiert jetzt auch ältere Infarkte.

Und wie erfährt man rechtzeitig, ob ein Herzinfarkt oder Schlaganfall droht? Entzündungsmarker (inflammation markers) liefern Warnsignale: das C-reaktive Protein (CRP) ist, neben den Blutfetten, in den USA bereits als zusätzlicher Risiko-Marker anerkannt worden. (George Dabbel Juh wurde CRP-getestet und hat natürlich »bestanden«.) Auf der MEDICA bieten mehrere Firmen CRP-Schnelltests an.

Wichtig werden auch Schnelltests, die zeigen, ob Fieber und tropfende Nase virale oder bakterielle Ursachen haben. Antibiotika helfen bekanntlich nur gegen Bakterien. Der übermäßige Einsatz von Antibiotika (ebenso die vorzeitige Beendigung der Einnahme!) haben zu resistenten Bakterienstämmen geführt, gegen die man immer neue oder höher dosierte Waffen braucht. Ein Teufelskreis!

Die neuen Tests werden hoffentlich die sinnlose Einnahme von Antibiotika verringern, zur Freude der sparsamen Gesundheitsministerin. Die pillendrehende Pharmaindustrie ist dagegen nicht amüsiert...

Nachts auf dem Highway...

Dr. Kary Mullis befand sich 1985 auf der üblichen Wochenend-Heimfahrt aus dem Labor der Biotech-Firma Cetus. Die drei langen Stunden auf einem mondbeschienenen kalifornischen Highway sann er einer Idee nach: Wie kann man einzelne DNA-Stückchen millionen- und milliardenfach kopieren?

Mullis sah, wie Autolichter auf der Fahrbahn aufeinander zu kamen, aneinander vorbei glitten, immer wieder bogen auch welche vom Highway ab. Und diese Symphonie von parallelen und sich überschneidenden Lichtspuren brachte ihm die Idee. Er stoppte und begann Linien zu zeichnen: wie sich DNA im Reagenzglas verdoppelt. Nur 20 Runden würden reichen, aus einem einzigen DNA-Molekül 1 000 000 identischer Moleküle zu erzeugen!

Am Montag wieder bei Cetus testete Mullis fieberhaft seine Idee, und sie funktionierte! Doch nur wenige Kollegen waren beeindruckt: Es war zu einfach – sicher hatte es jemand zuvor probiert! Als Nobelpreisträger Joshua Lederberg wenig später auf einem Kongress das Poster von Mullis sorgfältig studierte, fragte er eher beiläufig: »And ... does it work?« Als Mullis bejahte, bekam er endlich die erwartete Reaktion: Die Ikone der Molekulargenetik raufte sich die spärlichen Haare und rief: »Oh mein Gott! Warum bin ich nicht draufgekommen!?« Ähnliche Verwünschungen hörte ich auch bei uns im Osten Deutschlands. Tom Rappoport, Freund und Kollege in Berlin-Buch, heute Professor (nicht in Buch, sondern in

20. November 2004

Harvard!), stürmte ein Seminar mit dem Ausruf: »Die Amis haben die Revolution – im Reagenzglas!«

Das Prinzip nennt man Polymerase-Kettenreaktion (engl.: polymerase chain reaction – PCR), und es imitiert die Teilung einer Zelle: Da jede Tochterzelle die gleiche Erbinformation braucht, muss die Mutter-Information vollständig kopiert werden. Die beiden Doppelhelix-Stränge werden also getrennt, die DNA zerfällt in zwei Hälften. Diese dienen als »Matrizen« für zwei neue DNA-Stränge. Mit Hilfe eines Enzyms, der DNA-Polymerase, werden sie synthetisiert.

Damit sich die DNA im Reagenzglas in Einzelstränge aufdrillt, muss sie auf 94 Grad erwärmt und zur Synthese wieder abgekühlt werden. Glücklicherweise entdeckte man in siedend heißen Quellen Bakterien. Die aus *Thermus aquaticus* isolierte Polymerase wurde gentechnisch modifiziert und in großen Mengen hergestellt. Sie arbeitet optimal bei 72 Grad, verträgt schadlos fast 100°C und kann deshalb bei allen Heiß-Kalt-Zyklen im Reagenzglas verbleiben.

Bei einer Zyklusdauer von nur drei Minuten kann man auf diese Weise in einer Stunde aus einer DNA eine Million Kopien erzeugen!

Die PCR ist nicht nur unschätzbar wertvoll für die Forschung, sondern auch in der Diagnose. Viren und Bakterien sind schnell nachweisbar, ohne deren künstliche Vermehrung. Auch bei der Erkennung von Erbkrankheiten und Krebs findet die PCR immer öfter Anwendung. 1993, acht Jahre nach ihrer Entdeckung, erhielt Mullis dafür den Nobelpreis.

Doping? Nein: Raupenpilz

Peking September 1993: ein Skandal bei den Nationalen Meisterschaften kündigt sich an. Die Favoritin Junxia Wang blieb bei den 10 000 Metern unter der 30-Minuten-Schallmauer (29:31,78) und unterbot damit den zuvor bestehenden Weltrekord um sagenhafte 42 Sekunden. Wenig später fielen die Weltrekorde auch bei 1500 Metern durch Yunxia Qu, bei 3000 Metern durch Linli Zhang und erneut durch Junxia Wang (8:06.11). Diese Rekordzeiten stehen bis heute.

So viele Weltrekorde am gleichen Ort, in so kurzem Abstand? Die Skeptiker waren sich weltweit einig: Urintests würden das Doping des gesamten Frauenteams beweisen! Doch die Tests waren alle negativ. Erfolgs-Trainer Ma Zunren verwies auf rigoroses Höhen-Training in Tibet, den sagenhaften Teamgeist, auf chinesische Schildkrötensuppe (sie regelt eventuell die Menstruation) und ... auf einen kleinen Pilz, *Cordyceps sinensis*. Ma war zuvor Farmer gewesen.

Mein Chef an der Uni, Professor Nai-Teng Yu, wunderte sich, dass ich noch nie von dem Pilz gehört hatte: »Der Pilz wird von uns Chinesen auch Winterwurm-Sommerpflanze genannt, denn man glaubte, er wäre ein Tier im Winter und eine Pflanze im Sommer. Der Pilz wird in China seit mindestens tausend Jahren benutzt. Er stimuliert das Yang (das Prinzip Himmel aus der altchinesischen Naturphilosophie) und somit die Lungen und Nieren und wird bei Leberproblemen, Krebs, Angina pectoris und Herzrhythmusstörungen,

18. Dezember 2004

bei Sexproblemen und auch bei Hepatitis und Tuberkulose genommen.«

Der Wunderpilz wächst in den alpinen Graslandschaften Südwestchinas, in der Provinz Yunnan, in Mittel- und Nordchina und in Tibet, in Höhenlagen bis zu 5000 Metern. Der Fruchtkörper ragt wie ein Finger oder Bleistift 4 bis 10 Zentimeter hoch aus dem Boden. Seine Lebensweise ist sehr ungewöhnlich: Er befällt unterirdisch lebende Raupen, tötet sie und treibt mit Hilfe ihrer Nährstoffe anschließend auf die Erdoberfläche. Man vermutet, dass die Raupen die Pilzsporen zufällig aufnehmen. *Cordyceps* ist weitläufig verwandt mit unserem Mutterkornpilz *Claviceps purpurea*, der auf Getreide parasitiert und einen LSD-Vorläufer bildet.

In der Natur kommt der chinesische Raupenpilz nur noch vereinzelt vor. Professionelle Suchtrupps sind landesweit hinter ihm her. Der Preis je Kilogramm ist mittlerweile auf 3000 bis 5000 US-Dollar gestiegen, höher als für Trüffel.

Die weltweite Nachfrage beförderte Bemühungen, den Raupenpilz zu kultivieren. Eine Biotech-Firma auf Hawaii zieht ihn inzwischen erfolgreich auf. Um die »tibetanischen« Wachstumsbedingungen zu erreichen, benutzt die Firma ein Kühlhaus. Bei genaueren Untersuchungen der Pilze entdeckte man, dass das unterirdisch wachsende Myzel noch effektiver wirkende Stoffe enthält, die jetzt als Extrakt in Kapselform angeboten werden.

Wissenschaftler führen die sportlichen Leistungssteigerungen auf die positive Wirkung des Raupenpilzes für die Atmungsorgane und das Herz zurück. Er enthält neben Vitaminen und Spurenelementen hochwertige Aminosäuren sowie Polysaccharide, somit kein nachweisbares Doping!

Besonders die aus der Traditionellen Chinesischen Medizin bekannte Verwendung als Aphrodisiakum (auch für Frauen) und die effektive Erhöhung der sexuellen Ausdauer wurde in einer Studie an der Medizinischen Fakultät in Peking »zweifelsfrei« nachgewiesen.

Wie genau das funktionieren soll, ist noch nicht geklärt. Doch scheint es auch im Tierreich Anhänger dieser chinesischen Medizin zu geben. Denn der Pilz wird nicht nur vom Menschen, sondern auch von den im Himalaya gehaltenen Yaks in wilden Aktionen gesucht. Diese Büffel werden in der Reifezeit von *Cordyceps* »zum Stier«. So wie Schweine in unseren Breiten auf die in Trüffeln enthaltene, Sexhormonen ähnelnde Substanz reagieren, haben die Yaks im *Cordyceps* ihr »Yakrodiasicum« gefunden...

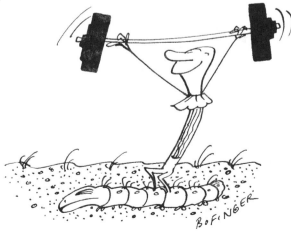

...auch Phosphat wird knapp!

Phosphor ist wichtig: Tiere und Pflanzen brauchen ihn als Baustein der DNA und des »Sprits« der Zelle, Adenosintriphosphat (ATP). Doch der massive Einsatz als Düngemittel durch reichlich Phosphate im Tierfutter brachte kritische Umweltbelastungen mit sich.

Phosphate gehören zu den Stoffen, die in den letzten 100 Jahren eine deutliche Wandlung in der Verwendung und Akzeptanz erfahren haben. Umweltprobleme, ökonomisches Wachstum und technischer Fortschritt bestimmen heute unsere Sicht auf Phosphor und seine Salze, die Phosphate.

Überhöhte Phosphat- und Nitratmengen aus der Landwirtschaft haben zu massiver Eutrophierung (Überdüngung) der Gewässer geführt. Explosionsartiges Algenwachstum (grünes »Erblühen«) ist oft die Folge.

Nach dem Absterben werden sie von Bakterien zersetzt – unter Verbrauch des im Wasser enthaltenen Sauerstoffs. Dieser fehlt nun den Fischen und bedeutet ihr Ende. Anaerobe Bakterien übernehmen das Ruder, produzieren giftigen Ammoniak und Schwefelwasserstoff und bringen die restlichen Lebewesen um: Ergebnis ist eine stinkende Kloake.

Farblich anders, ähnlich giftig: Die »rote Algenpest« (Red Tide) in südlichen Meeren, z.B. bei Hongkong, vor zwei Jahren auch in der Kieler Innenförde. Die braunrote Färbung des Wassers kommt von mikroskopisch kleine Wesen der Gruppe der Dinoflagellaten (zweigeißlige gepanzerte Algen). Sie brauchen Wärme und Nährstoffe und produzieren giftige Toxine.

Was Appelle jedoch oft nicht vermögen, kann der Preis durchsetzen: Wegen des dynamischen Wachstums in China und Indien verteuern sich die Rohstoffe. Anorganische Phosphatfuttermittel erfuhren z.B. in China eine Steigerung um 70 Prozent!

Und so beginnt langsam ein »Phosphor-Management« zu greifen. Die Hauptrolle spielt dabei – wie könnte es anders sein in unserer Biolumne – ein Enzym: die Phytase.

Nicht-Wiederkäuer wie Hühner, Schweine und natürlich auch Menschen scheiden einen Großteil der aufgenommenen Phosphate ungenutzt wieder aus, weil ihr Magen die Speicherform des Phosphats in Pflanzensamen, das Phytat, nicht aufschließen kann. In den Mägen der Wiederkäuer gibt es dagegen genügend geeignete Bakterien. Das Bakterien-Enzym Phytase schneidet die Phosphatgruppen vom Phytat ab und macht sie bioverfügbar. Andere Mikroben, auch Pilze, bilden ebenfalls Phytase.

So entstand die Idee, dem Schweine- und Hühnerfutter in Bioreaktoren erzeugte Phytase zuzusetzen. Im Ergebnis sank die Phosphatexkretion der Borsten- und Federtiere um 25 bis 30 Prozent, die Tiere konnten die Phosphate aus dem Futtergetreide besser erschließen, so dass weniger davon beigegeben werden muss.

Große Tierproduzenten wie die Niederlande und Dänemark haben mit dem Phytase-Einsatz die Phosphor-Umweltbelastung bereits um mehrere tausend Tonnen pro Jahr verringert und Futterkosten gespart.

Der Gesetzgeber fördert dort den Einsatz von Phytase, ebenso wie in einigen US-Bundesstaaten.

Die dänische Firma Novozymes ist der weltgrößte Phytase-Produzent. Sie erzeugt mit dem Pilz *Peniophora lycii* ein Phytase-Präparat, das in großen Mengen auch nach China exportiert wird. Die Chinesen selbst sind allerdings drauf und dran, die Produktion selbst zu übernehmen. China hat in weiser Voraussicht den Phosphatbergbau eingeschränkt und die nationalen Höchstwerte für Phosphat in Futtermitteln gesenkt.

Noch weiter geht die Grüne Biotechnologie: Phytase-Gene werden gentechnisch in Mais, Reis und Sojabohnen eingebaut. Außerdem erzeugt man Pflanzen mit einem niedrigen Phytatgehalt und mehr bioverfügbarem Phosphor. Da aber die Grüne Biotechnologie (anders als die medizinisch orientierte) noch mit großen Akzeptanzproblemen in Europa und den USA kämpft, wird wohl zuerst die Phytase als Futterzusatz das Rennen machen.

Über unsere deutschen Bedenken lächeln »meine« Chinesen milde: »Naja, ihr mit euren 80 Millionen... WIR können uns den Luxus bei 1,3 Milliarden Leuten nicht leisten. Die wollen auch künftig satt werden.«

Snowmax für die Alpen?

Die meisten Pflanzen vertragen keinen Frost. Wieso? Es bilden sich Eiskristalle auf den Blättern und in Pflanzenteilen, die das lebende Gewebe zerstören. Bakterien spielen dabei eine Schlüsselrolle. Die nur ein tausendstel Millimeter großen Lebewesen dienen als Kristallisationszentren für die Eiskristalle. Leitungswasser gefriert bei 0 Grad Celsius. Hochgereinigtes destilliertes Wasser kann dagegen bis auf minus 15°C unterkühlt werden, solange es keine Verunreinigungen als Kristallisationszentren enthält.

Besonders eine kristallbildende Bakterienart ist in der Natur weit verbreitet: *Pseudomonas syringae*. Die US-Biotechnologen Steven Lindow und Nikolas Panopoulos untersuchten normale mit *Pseudomonas* befallene Pflanzen in einer Klimakammer bei Temperaturen unter dem Gefrierpunkt. Bei minus 2°C begannen sich erste Frostschäden zu zeigen. Pflanzen, deren Bakterien abgetötet wurden, vertrugen dagegen noch -10°C ohne Schaden.

Der Grund: Ein spezielles Eiweiß auf der Oberfläche der Winzlinge regt die Bildung von Eiskristallen an. Könnte man den Abschnitt aus dem DNA-Strang der Frostbakterien herausschneiden, der den Befehl zur Bildung des Frosteiweißes enthält, dann müsste auch ihre Fähigkeit verloren gehen, Eiskristalle zu bilden. Und tatsächlich bewahrten die gentechnisch erzeugten »Antifrostbakterien« ihre Wirte vor Frostschäden! Es reichte aus, Pflanzen mit der relativ billig herzustellenden Antifrostbakterienflüssigkeit zu besprühen. Die gentechnisch manipulierten verdrängten dann die natürlichen Mikroben.

Verlockende Perspektiven eröffneten sich. Eine Vielzahl von Kulturpflanzen, die bisher nur in wärmeren Regionen gedeihen, könnten auch weiter nördlich angebaut werden. Doch: Wie verhalten sich die neu geschaffenen Mikroben in der Umwelt? Wer garantiert, dass nicht auch Unkräuter und Pflanzenschädlinge von den Frostschutzbakterien profitieren? Wird das biologische Gleichgewicht gestört? Einmal in die Umwelt entlassene Mikroben lassen sich nicht zurückrufen. Nach jahrelangem Ringen entschied man, Freilandversuche mit diesen manipulierten Mikroben nicht zuzulassen. Aus der Traum?!

Die pfiffigen Biotechnologen ließen sich etwas einfallen: Sie verkauften die in Bioreaktoren massenhaft produzierten und dann abgetöteten natürlichen Frostbakterien unter dem Namen »Snowmax«, um künstlichen Schnee zu produzieren. Tote natürliche

Bakterien werden dem Wasser von Schneekanonen zugesetzt. Deren Schneeproduktion steigt mit Snowmax um 45 Prozent. Snowmax spart außerdem Kühlenergie. Keine Behörde verbietet, nichtmanipulierte mausetote Mikroben freizusetzen.

Inzwischen boomt das Geschäft mit Kunstschnee made by Snowmax weltweit. Die abgetöteten ungefährlichen Frostbakterien »retteten« schon die Olympischen Winterspiele 1988 in Calgary (Kanada) bei einem unerwarteten Wärmeeinbruch.

Beim Betrachten der deutschen Winterbilder kommt mir eine tolle Geschäftsidee: Man könnte mal mit Snowmax ... Hongkong total einschneien. Doch bei 20 Grad plus wird das wohl nichts ... auf zum Strand!

Lob der Papaya

Bei der Eroberung Mexikos hatten die Spanier beobachtet, dass die Eingeborenen rohes Fleisch vor dem Kochen oder Braten entweder mit Blättern des Melonenbaumes (*Carica papaya*) umwickelten, es mit einer Scheibe der unreifen Papaya-Frucht einrieben oder den Milchsaft dieses immergrünen Baumes zugaben. Die Eingeborenen schworen offenbar auf die magische Kraft der Papaya.

Und das nicht ganz unbegründet, wie man inzwischen weiß: Die eiweißspaltenden Enzyme (Proteasen) Papain und Chymopapain, die in hoher Konzentration im Milchsaft und in den unreifen Früchten des Melonenbaums vorkommen, bauen das Bindegewebe des Fleisches ab und machen es dadurch mürbe.

In den USA werden inzwischen hunderte Tonnen Papain jährlich zum »Zartmachen« (engl. tenderizing) von Fleisch benutzt. Andere pflanzliche Proteasen für diesen Zweck sind Ficin aus dem Feigenbaumsaft und Bromelin aus der Ananas.

In vielen Ländern sind proteasehaltige pulverförmige »Tenderizer« im Handel. Das Fleisch wird vor der eigentlichen Zubereitung eingerieben oder gepudert und so einige Stunden bei Normaltemperatur gelagert. (Papain ist sogar bis 80 Grad Celsius stabil und aktiv.) In dieser Zeit bauen die pflanzlichen Proteasen Bindegewebsproteine, wie Collagen und Elastin, ab. Man sollte jedoch mehr als skeptisch bleiben, wenn überschwängliche Reklame verspricht, mittels »Tenderizern« das zähe Fleisch eines alten Ochsen in

12. Februar 2005

Minutenschnelle in ein köstliches Stück Kalbfleisch zu verwandeln.

Die »Tenderizer« beschleunigen Prozesse, die zu jeder natürlichen Fleischreifung gehören. Es ist bekannt, dass Wild erst »abhängen« muss, um schmackhaft zu werden. Die entscheidende Rolle bei der Fleischreifung spielen körpereigene Proteasen (Cathepsine) der getöteten Tiere.

Papain wird in den Tropen nicht nur zum Zartmachen von Fleisch, sondern auch gegen Darmparasiten benutzt. Wegen der verstärkten Nachfrage gibt es in Hawaii bereits die erste gentechnisch veränderte Papaya. Apropos Hawaii: Die Ureinwohner der Inselgruppe im Pazifik kennen die Wirkung des Melonenbaumsaftes schon seit Jahrhunderten. Man erzählt sich dort sogar ein regelrechtes »Enzymmärchen«: Der etwas einfältige Held beschließt, die magische Kraft des Melonenbaumes für sich zu nutzen, um schnell groß, stark und unwiderstehlich zu werden und dadurch die tolle Prinzessin erobern zu können. Zu diesem Zweck mischt er im Schatten von Melonenbäumen Reis mit großen Mengen von Blättern dieser Bäume und stopft sich damit bis in die späte Nacht voll (»Viel hilft viel!«). Als seine Freunde am nächsten Morgen an den Ort seines Nachtmahls kommen, liegt dort zu ihrem Entsetzen jedoch nur noch ein Häufchen Knochen: der klägliche Rest des Helden – alles andere war wohl der besagten »magischen Kraft« des Melonenbaumes zum Opfer gefallen.

Verblüfft lese ich im unübertroffenen »URANIA-Pflanzenreich«, dass diese zwei Meter hohe Mörderpflanze ausgerechnet zu den Veilchengewächsen gerechnet wird.

In meinem Hongkonger Mini-Garten habe ich einen Melonenbaum aus einem Papaya-Kern gezogen und mich immer am Duft der winzigen Blüten erfreut. Seit ich allerdings das Hawaii-Märchen kenne, betrachte ich die schnell wachsende Pflanze etwas misstrauisch...

Vogelmarkt biochemisch

Eine meiner Wochenend-Vergnügungen ist der Besuch auf dem Hongkonger Vogelmarkt, den man durchaus als Widerspiegelung Hongkongs im Kleinen sehen kann: Zehntausende Pieper auf kleinstem Raum, in winzigen Käfigen und doch alle laut und fröhlich essend, trinkend.

Doch auch »biotechnologisch« betrachtet gibt der Markt ein schönes Gleichnis ab: Hier bekommt man Grundprinzipien der Immobilisierung sehr anschaulich demonstriert. Immobilisieren heißt, etwas fixieren, es unbeweglich machen. Die beiden wichtigsten Verfahren, um Enzyme und Mikroben für die industrielle Nutzung unbeweglich zu machen, sind Einschluss und Kovalente Bindung. Es geht darum, die Biomaterialien irgendwie fest zu binden, ohne dass sie ihre Aktivität verlieren. Enzyme (oder auch Mikroben) sollen ihre Substrate unentwegt zu Produkten umwandeln, ohne dass sie selber im Produkt erscheinen. Zudem sollen die mikrobiellen Arbeiter möglichst lange ihren Dienst verrichten.

Chinesische Nachtigallen sind Modelle für immobilisierte Enzyme. Sie sind in sehr hübschen, aber winzigen Holzkäfigen eingesperrt bzw. eingeschlossen. Sie können sich in den Käfigen (naja, leidlich!) bewegen und werden mit Substraten (Nahrung, Sauerstoff und Wasser) versorgt. Dabei singen sie wunderbar (haben also volle Aktivität!) und entlassen ihr »Produkt« kleckerweise, ohne selbst entfliegen zu können. Sie sind ja immobilisiert.

26. Februar 2055

BOFINGER

Sie können nicht hinaus. Mao-jai, das Kätzchen, kann aber auch nicht hinein. Enzyme muss man genauso vor anderen Enzymen oder gierigen Mikroben schützen.

In Biosensoren wird genau dieses Käfig-Prinzip genutzt. Für Diabetiker gibt es Glucose-Biosensoren. Das Enzym Glucose-Oxidase wird dabei in einem Polymerkäfig immobilisiert. Glucose aus dem Blut und Sauerstoff können hinein und das Produkt Wasserstoffperoxid kann herausdiffundieren zu einer Elektrode, das es anzeigt. In mikrobiellen Sensoren, die »wir Chinesen« mit Professor Gotthard Kunze in Gatersleben (Sachsen-Anhalt) entwickeln, messen immobilisierte Hefen in Polymerkäfigen die abbaubare Verschmutzung in Abwasser. Solche immobilisierte Hefen sind monatelang eingesperrt in ihren Käfigen, bleiben aktiv und messen Belastungen in 5 Minuten anstatt in 5 Tagen bei herkömmlichen Tests.

Der historischen Gerechtigkeit wegen sei erwähnt, dass Kanarienvögel in Bergwerken Europas als »lebende Biosensoren« dienten, um vor Schlagenden Wettern, also Methan, zu warnen.

Andere Enzyme werden für Fructose-Sirup immobilisiert (siehe Biolumne »Fidel rettet die US-Bioindustrie«). Die in Polymerkäfigen sitzende Glucose-Isomerase wandelt Glucose in die fast doppelt so süße Fructose um. Andere immobilisierte Enzyme (Penicillinacylasen) schaffen neue Penicillin-Abkömmlinge, gegen die Bakterien (noch) nicht resistent sind.

Nebenan sitzen Kakadus und Papageien, die am Fuß mit einer Kette am Wegfliegen gehindert werden. Auch sie sind immobilisiert, allerdings fester über die Kette (kovalent) an einer Sitzstange. So werden Antikörper in der Biotechnologie immobilisiert. Sie sitzen dann auf Zellulose-Streifen und binden beispielsweise Schwangerschaftshormone, Herzinfarkt-Eiweiße oder Drogen. Sie sind sozusagen Spürhunde, fest an der Leine.

Was könnte man noch immobilisieren? Ein Blick nach Japan könnte Schwarzbrenner auf Ideen bringen. Dort sollen immobilisierte Hefen Alkohol im Haushalt produzieren. Ein Cartoon in einer Wissenschaftszeitschrift zeigt es zugespitzt: Aus Küchenabfällen wird im Bioreaktor Alkohol. Den verwendet man als Energiequelle zum Kochen, fürs Auto und... zur Entspannung des Hausherrn.

Eine Pille für (fast) alles?

Was ist das heute am häufigsten eingenommene Medikament? Es ist uralt, schon Hippocrates beschrieb es. 1828 wurde es von dem Münchner Professor Johann Buchner aus der Rinde von Weiden (*Salix*) als gelbe, kristalline Masse isoliert, die er Salicin nannte. 1889 ließ sich Felix Hoffmann dann die Acetylsalicylsäure (ASS) patentieren und bot die Idee der Firma Bayer an. Die Firma kreierte einen griffigen Namen: »A« aus Acetylchlorid wurde kombiniert mit »spir« aus *Spirea ulmaria*, dem Mädesüß (die Pflanze enthält wie die Weidenrinde Salicylsäure) und der Endung »in«. 1915 gab es das erste Aspirin in Tablettenform. Seitdem rollt die Tablette in einem Siegeszug ohnegleichen um die Welt. Aspirin wurde bald auch ohne ärztliche Verordnung gegen viele kleine Zipperlein eingesetzt.

Wie funktioniert es biochemisch? Aspirin blockiert die Produktion von Prostaglandinen im Körper. Das sind Hormone, die örtliche Botschaften im Körper weiterleiten. Anders als normale Hormone wirken sie nur in der Nachbarschaft der Zellen. Beispielsweise kontrollieren sie die Kontraktion der Muskelzellen der Blutgefäße und das Verklumpen von Blutplättchen. Prostaglandine leiten Schmerzsignale weiter und verstärken sie.

Alle Prostaglandine entstehen durch Umbau eines Vorläufer-Moleküls, der Fettsäure Arachidonsäure. Wenn man das Enzym, das diesen Umbau besorgt, hemmt, entsteht kein Schmerzsignal als Reaktion auf

Entzündungen. Die Blutgerinnung wird dann ebenfalls verzögert. Genau das tut Aspirin: Es blockiert jenes Enzym, die so genannte Cyclooxygenase (COX). Dieses Enzym existiert in zwei Varianten: COX-1 gibt es in fast allen Zellen, COX-2 nur in Spezialzellen, die Entzündungen signalisieren und Schmerz verstärken. Aspirin blockiert beide Formen der Cyclooxygenase. Das erklärt Nebenwirkungen nach unkontrolliertem Langzeitgebrauch: Magen- und Darmblutungen, Nierenschäden und Magengeschwüre. Die jüngst ins Gerede gekommenen neueren Schmerzmittel hemmen dagegen nur COX-2 und lassen COX-1 unangetastet.

Doch Aspirin und andere als »nichtsteroidale Entzündungshemmer« können noch mehr. Laboruntersuchungen zeigen, dass Entzündungshemmer das Wachstum von Krebszellen eindämmen und im Tierversuch das Tumorwachstum verlangsamen. Die bereits 1976 begonnene medizinische Beobachtung von mehr als 120 000 Krankenschwestern in den USA zeigte: Je länger Aspirin regelmäßig eingenommen worden war, desto seltener entwickelte sich Dickdarmkrebs. Noch weiß man nicht genau, wie sich die Schutzwirkung im einzelnen erklären lässt.

Im »Journal of the American Medical Association« (JAMA) wurde zudem berichtet, dass Frauen, die Aspirin zur Verhütung von Herzerkrankungen einnahmen, einen positiven Nebeneffekt verzeichnen konnten – Aspirin verringerte ihr Risiko, an der meistverbreiteten Brustkrebsart zu erkranken.

Um es am Ende deutlich zu sagen: Aspirin ist keine Lebensversicherung und »hilft nicht gegen...«, sondern verringert lediglich das Risiko – immerhin! Selbst als Wundermittel gegen Herzinfarkt kann Aspirin nur dem Erstinfarkt vorbeugen und kann ihn nicht aus schließen. Und bei Frauen ist dieser Effekt, wie eine gerade im »New England Journal of Medicine« veröffentlichte Studie zeigt, erst in der Gruppe ab 65 Jahren nachweisbar.

Dass Acetylsalicylsäure von der Weltgesundheitsorganisation gleich drei Mal in die »Liste der unentbehrlichen Arzneimittel« aufgenommen worden ist, heißt aber auch: Aspirin ist kein harmloses Hausmittel, sondern ein hochwirksames Arzneimittel, das keinesfalls unkontrolliert eingenommen werden darf.

Jetzt brummt mir aber der Schädel... schnell eine Wunder-Aspirin!

Alles schön steril

Mit leerem Magen können Soldaten nicht gut marschieren, wusste Napoleon Bonaparte. Und so lobte er 1795 einen Preis für ein Verfahren zur Herstellung von Konserven aus. Der französische Koch Nicholas Appert arbeitete 14 Jahre an einer Lösung und 1809 konnte er den Preis von 12 000 Gold-Francs (heutzutage rund 250 000 Euro) in Empfang nehmen. Sein Verfahren mutet heute trivial an: Erhitzen der Lebensmittel in Flaschen und Gläsern, danach Verschluss mit einem Korken. Das Ganze war so ein paar Monate haltbar.

Das Verschlussprinzip – beim Abkühlen entsteht Unterdruck, der Deckel saugt sich förmlich fest – geht auf Experimente von Otto von Guericke (1602–1686) und Denis Papin (1647–1712) zurück. Insbesondere Guerickes berühmter Versuch mit den »Magdeburger Halbkugeln« vor dem Reichstag zu Regensburg im Jahre 1654 demonstrierte die ungeheure Kraft des Luftdrucks.

Ein weiterer Pionier auf diesem Gebiet war der deutsche Chemiker Rudolf Rempel (1859–1893). Sein 1892 patentiertes Verfahren beschrieb seine Frau später in einem Brief: »Zu diesen ersten Versuchen benützte er Pulvergläser aus dem chemischen Laboratorium, deren Rand er abgeschliffen hatte. Er versah die Gläser mit Gummiring und Blechdeckel und kochte die Nahrungsmittel im Wasserbad, indem er einen schweren Gegenstand (Stein oder Gewicht) auf den Deckel des Glases legte.«

Erste Erfolge mit sterilisierter Milch erweiterten das Versuchsfeld auf alle Produkte des eigenen Gartens unter Mitwirkung der Ehefrau. »Ich habe die Gläser auf dem Spülstein mit Hilfe von Schmirgelpulver abgeschliffen, was keine kleine Arbeit war, und wir probierten auf alle möglichen Arten, Obst und Gemüse mit schönem Aussehen zu sterilisieren. Meist schlossen einige Gläser nicht, die geschlossenen hielten sich aber ausgezeichnet.« – Eine Erfahrung, die man auch heute noch nachvollziehen kann. Am Ende entstand ein Apparat, in dem die Deckel mit Federdruck auf die Gläser gepresst wurden.

Wo bleibt da die Biotechnologie, mag mancher fragen. Nun: die Abwesenheit von Sauerstoff hindert sauerstoffbedürftige (aerobe) Mikroben wie Fäulnisbakterien und Schimmelpilze am Wachstum. Und durch das vorherige Erhitzen werden diese »Verderber« weitestgehend zerstört, ihre Zahl wird drastisch verringert.

Einer der ersten Kunden von Rempel war ein Herr Johann Weck. Das Verfahren fand sein großes Interesse (eine Bestellung umfasste einen ganzen Waggon Gläser). Weck erwarb das Rempelsche Patent und zog 1895 ins badische Öflingen an die Schweizer Grenze, wo er mit dem rührigen Kaufmann Georg van Eyck am 1. Januar 1900 die Firma J. Weck & Co gründete.

Schon zwei Jahre später verließ Weck (»dem Ausdauer nicht gegeben war« – Zitat aus der Weck-Firmenschrift) die Firma unter Zurücklassung der Produktionslizenz. Van Eyck gelang es, die Einführung und den Verkauf der WECK-Gläser und -Geräte landesweit in Gang zu bringen. Er hatte ein geniales Verkaufskonzept, stellte Hauswirtschaftslehrerinnen ein, die in Kochschulen, Pfarr- und Krankenhäusern Vorträge mit praktischen Anleitungen an Gläsern und Geräten hielten. Die Komponenten wurden laufend verbessert: Einkochgläser und -apparate, Gummiringe, Thermometer und Hilfsgeräte – alles unter dem Namen »WECK« und symbolisiert durch eine mit ihm kombinierte Erdbeere. »WECK« wurde die erste Marke Deutschlands, aus der sich mit dem »Einwecken« ein Begriff der Alltagssprache entwickelte.

Die Tradition des »Einweckens« ist wohl eine ziemlich deutsche Erscheinung; Amerikaner z. B. würden sich nie die Zeit dafür nehmen. Ihre vielen chinesischen Schwestern allerdings, fleißig, sparsam und umsichtig, hätten van Eyck vermutlich einen noch größeren Umsatz gebracht.

Ein Schnupfen und die Folgen

Japan während der Kirschblüte – ein Traum. Das Fernsehen vermeldet den Vormarsch der SAKURA vom Süden her. Doch dann das: im Hals erst ein Kratzen und später richtige Schmerzen... Der japanische Drogist führt stolz die letzten Errungenschaften vor: eine heißt Li-so-zi-mu. Das Zeug in Form von Lutschtabletten hilft im Nu mit »koso paua« (Enzym-Power).

Trotz einer Erkältung arbeitete Alexander Fleming (1881–1955) im Jahre 1922 in seinem mikrobiologischen Labor in London. Eines Abends war er dabei, ein paar Petrischalen, die mehrere Tage herumgelegen hatten, in den Abfall zu werfen. Eine sah etwas anders aus, und er zeigte sie seinem Assistenten Allison mit typisch britischem Understatement: »quite interesting!«.

Große gelbe Bakterienkolonien überzogen die gallertartige Masse, doch eine Stelle war ganz frei von Lebewesen! Preisfrage: Was hatte Fleming hier entdeckt? Das Penicillin? Falsch! – Das kam erst später. Seiner Forschungsneugier folgend hatte Fleming einige Tage zuvor ein paar Tropfen seines Nasenschleims auf das Zentrum dieser jetzt bakterienfreien Stelle gegeben, und irgendetwas daraus hatte die Bakterien aufgelöst (lysiert).

Da die Substanz offenbar ein Enzym war und Mikroben lysierte, nannte er sie Lysozym. In der Folgezeit entdeckte Fleming das Lysozym in allen Körpersekreten, unter anderem in Tränen. Fleming und seine Assistenten liefen fortan mit geröteten Augen herum,

9. April 2005

sie reizten ihre Tränendrüsen mit Zitronen und Zwiebeln, ebenso mussten alle Besucher von Flemings Labor einen Obolus in Form von Tränen entrichten. Große Mengen von Lysozym fanden sich auch im Eiklar von Hühnereiern; auf diese Weise sind Kücken weitgehend vor Mikroben geschützt.

Das Zielobjekt des Lysozyms ist ein aus Zuckerringen zusammengesetztes Molekül, ein so genanntes Mucopolysaccharid, das als Baumaterial für Bakterienzellwände dient. Wenn Lysozym sein Substrat spaltet, wird die Zelle »undicht«. Das Bakterium nimmt dann Flüssigkeit von außen auf und zerplatzt auf Grund des hohen osmotischen Drucks im Zellinneren.

Zu Flemings großer Enttäuschung wurde das vermeintlich mächtige Lysozym aber nur mit vergleichsweise harmlosen Mikroben fertig. Bei krankheitserregenden Bakterien blieb es unwirksam. So mussten noch weitere sieben Jahre vergehen, bis Fleming in einem ebenfalls scheinbar zufälligen Experiment das äußerst effektive Antibiotikum Penizillin entdeckte.

»Der glückliche Zufall hilft dem vorbereiteten Geist« nannte Biotechnologie-Altmeister Louis Pasteur weise einen solchen Vorgang, den er selbst mehrfach erlebt hatte.

Das Lysozym sollte dennoch einen Ehrenplatz in der Geschichte der modernen Biologie einnehmen. Es war das erste Enzym, dessen räumliche Struktur aufgeklärt und seine Eigenschaften bis ins atomare Detail verstanden wurden. Man konnte erstmalig am Modell sehen, dass ein Substrat (Schlüssel) tatsächlich exakt in ein Enzym (Schloss) passt.

Und nun nehme ich das nächste Lysozym-Bonbon und denke so bei mir: Diese Japaner, alles nutzen sie emsig, was wir »Langnasen« erfunden haben...

Biotech beim Friseur?

Friseursalons waren schon immer Drehscheiben für wahrscheinliche und unwahrscheinliche Informationen. So erfuhr ich von meinem Hongkonger Friseur Ray Kwong Erstaunliches aus dem chinesischen Mutterland: »Ganz geheim: Dort isst man Haare...! Naja, nicht direkt... Habe ich von einem Kunden gehört...«

Wahr ist: In den Friseurläden Chinas kehren berufsmäßige Sammler jedes Jahr Zehntausende Tonnen Haare zusammen, aus denen dann mit Aktivkohle und konzentrierter Salzsäure die begehrte Aminosäure Cystein extrahiert wird. Was diese Aminosäure so einzigartig macht, ist die schwefelhaltige Sulfhydryl-(SH-)Gruppe, die chemisch sehr reaktiv ist. So kann sie Disulfidbrücken bilden, die zur Stabilität von Proteinen beitragen. Cystein ist z.B. für die Festigkeit von Haaren, Wolle und Federn ebenso wie von Nägeln, Hufen und Hörnern verantwortlich.

Das gewonnene Cystein verwendet man beispielsweise in Backzutaten (bessere Knetfähigkeit beim Teig) oder Medikamenten (Hustenlöser), und auch die Kosmetikindustrie bekommt ihren Anteil. So werden damit in Japan und Hongkong die Haare für die Dauerwelle präpariert – im Gegensatz zu der in Europa verwendeten, streng riechenden Thioglycolsäure. Sogar künstliche Fleischaromen werden damit erzeugt. Verbindet sich nämlich Cystein mit Zucker, wie etwa Ribose, so entwickeln sich beim Erhitzen Aromastoffe, die nach Fleisch schmecken. Man bildet also einen natürlichen Aromastoff nach, der auch beim Braten von Fleisch entsteht, weil das natürlich vorhandene Cystein mit dem im Fleisch enthaltenen Zucker auf gleiche Weise reagiert.

Bis vor kurzem war Cystein eine der wenigen Aminosäuren, die aus oben genannten tierischen oder menschlichen »Rohstoffen« gewonnen werden musste. In Asien ist das eine richtige Industrie: Eine Tonne Haare ergibt etwa 100 Kilo Cystein. Bei einer jährlichen Nachfrage von bis zu 4000 Tonnen weltweit mit einer Steigerung von etwa 4 Prozent sind alternative Herstellungsmethoden mehr als gefragt.

Forschern der deutschen Firma Wacker Biochem gelang es nun, durch Mutation und Selektion die Arbeitspferde der Biotechnologie, Colibakterien, so zu programmieren, dass sie Cystein weit über ihren Eigenbedarf im Bioreaktor produzieren und den Überschuss an die Nährlösung abgeben.

Die biotechnologische Methode hat gleich mehrere Vorteile. Zum einen ist die Ausbeute deutlich höher (90 gegenüber 60 Prozent), zum anderen braucht man wesentlich weniger Salzsäure für die Reinigung des Endprodukts (nur ein statt 27 kg Säure je kg Cystein). Mit einer Reinheit von mindestens 98,5 Prozent erfüllt das Biotech-Produkt alle geforderten Standards der Nahrungsmittel- und Pharmaindustrie. 2004 produzierte man so bereits mehr als 500 Tonnen Cystein, man rechnet mit jährlichen Steigerungen von mehr als 10 Prozent.

Dennoch werden auch die asiatischen Haarsammler nicht sofort arbeitslos: Immer noch extrahiert die

Industrie mehrere tausend Tonnen Cystein pro Jahr nach der traditionellen Methode – allerdings verschieben sich die Marktanteile zunehmend.

Abnehmer, die nur der niedrigste Preis und nicht der Ursprung der Ware interessiert, sind beispielsweise die Hersteller von Hunde- oder Katzenfutter: Sie »veredeln« ihre Produkte mit den verschiedensten Fleischaromen.

Man sollte sich also nicht wundern, wenn Kätzchen Mao-jai sich mit dem Schrei »Hou Mei« (Schmeckt toll!) in die frische Dauerwelle stürzt...

Hauptsache, sie fängt Mäuse

»Welche Farbe die Katze hat, ist egal. Hauptsache, sie fängt Mäuse!« Mit diesen Worten leitete Deng Hsiao Ping einst die Reformen in China ein. Nicht so der Katzenfreund: Er oder sie möchte oft am liebsten eine Kopie von Mohrle oder Mao-jai...

Little Nicky z. B. ist ein süßes Klon-Kätzchen, das für stolze 50 000 US-Dollar von der US-Firma Genetics Savings and Clone produziert wurde. Es ist nicht die erste geklonte Katze, aber die erste, die als kommerzieller Auftrag entstand. Die Premiere war die dreifarbige Katze CC oder Carbon Copy (Durchschlag), geboren zwei Tage vor Heiligabend 2001, präsentiert von texanischen Forschern um Mark Westhusin und auch nach dem Klonschaf Dolly (1996) noch eine Sensation.

Wie klont man eine Katze? Der Original-Katze werden Körperzellen entnommen. Deren Zellkern bringt man durch eine »Hungerkur« dazu, wieder alle Gene anzuschalten. Die so »gedopten« Zellkerne werden dann entnommen und in eine ebenfalls von einer Katze stammende Eizelle eingefügt, deren Kern zuvor entfernt worden war. Die Eizelle hat nun einen diploiden (doppelten) Chromosomensatz – wie bei einer normalen Eizellbefruchtung. Die Eizelle wird mit feinsten Stromimpulsen zur Teilung angeregt. Im 8-Zellstadium kann der Embryo einer »Ammenkatze« in die Gebärmutter eingesetzt werden, die ihn dann austrägt.

Gesagt getan! Bei Carbon Copy passierte aber etwas Unerwartetes: CCs Farbmuster war nicht identisch mit dem der Zellkernspenderin Rainbow. Das Farbmuster ist nämlich das Ergebnis sowohl von Gen- als auch von Umwelteinflüssen. Schon die Lage des Embryos im Ammenkörper beeinflusst z.B. das entstehende Farbmuster des Fells. Auch andere Umweltfaktoren können kleine Unterschieden zwischen Klon und »Original« bewirken, man denke nur an die gesundheitliche Verfassung der Amme und die verfügbare Nahrung. Außerdem: Es wird ja nur die DNA des Zellkerns übertragen. Deshalb sind alle bisherigen Klone ohnehin keine vollständig identische Kopien: Little Nicky hat wie alle Tierklone von der Spendermutter eine entkernte Eizelle erhalten. Doch darin befinden sich noch die »Kraftwerke« der Zelle, die Mitochondrien des Spendertiers. Und die enthalten eigenes Erbgut.

Wie geht es weiter? Die oben genannte US-Firma nimmt Ihnen schon mal für 295 US-Dollar Gewebe Ihrer Katze ab. 1395 Dollar Grund- und 150 Dollar jährliche Lagerungsgebühr kosten das Kultivieren und Aufbewahren der Zellen in Flüssigstickstoff. Verkaufspsychologen vermuten die obere Schmerzgrenze für ein Klonkätzchen bei 10 000 US-Dollars, immerhin finden sich schon 10 Kunden pro Tag. Für 2005 hofft die Firma auf Aufträge zum Klonen von 40 Katzen und drei oder vier Hunden. Beim Konkurrenten, der etwas windigen Firma Geneticas, soll man für 10 000 US-Dollar sogar eine hypoallergische Klonkatze bekommen, unschädlich für Katzenallergiker.

Das Geschlecht des Zellkern-Spenders ist beliebig, Zellkern und Eizelle können auch von derselben Katze kommen. Und natürlich kann eine Katze auch als

Amme für ihre eigenen Zellen dienen – sie trägt quasi ihren eigenen Klon aus. Soll dagegen ein Kater geklont werden, ist er vollständig auf die Hilfe von Katzendamen angewiesen...

Wieder ein Beweis dafür, dass Frauen zwar ohne Männer, Männer aber nicht ohne Frauen leben können!

Auch Bakterien altern

»Stellen Sie sich mal vor, Sie wären ein Bacterium, meine Damen, meine Herren«, pflegte mein Bio-Lehrer Dr. Hecht zu dozieren, »dann wären Sie echt unsterblich... Nicht nur unsterblich verliebt, wie Sie da offenbar, junger Mann in der letzten Bank ... Hören Sie mir überhaupt zu!?

Bakterien kennen theoretisch kein Altern und keinen Tod. Aus einer Zelle entstehen in 20 Minuten flugs zwei identische Kopien, welche sich wiederum unbegrenzt weiter teilen können...«

Das saß fest in meinem Gedächtnis – bis heute. Doch seit zwei Jahren habe ich keinen Grund mehr zum Neid auf Bakterien: Forscher vom Biozentrum der Uni Basel fanden damals ein Bakterium, das nachweislich altert.

Prokaryoten, die einfachsten Lebensformen ohne echten Zellkern (zu denen die Bakterien gehören), galten als unsterblich, sofern sie genug Nahrung haben und keinen schädlichen Umwelteinflüssen ausgesetzt sind. Alle anderen höheren Zellen hingegen (Eukaryoten) besitzen offenbar ein Ablaufdatum. Sie erfüllen ihre Aufgabe und teilen sich einige Male, beginnen zu altern und sterben schließlich ab.

Voraussetzung für das Altern in Bakterien ist eine so genannte asymmetrische Zellteilung, das heisst, die beiden entstehenden Zellen sind nicht vollkommen identisch. Beobachten lässt sich das am Bakterium *Caulobacter crescentus*, das in nährstoffarmen Bächen vorkommt. Es gibt zwei Versionen dieses Organismus: die frei herumschwimmende, nicht fortpflanzungsfähige

»Schwärmer«- und die sesshafte, aber teilungsfähige »Stielzelle«. Jede Schwärmerzelle wird irgendwann zur Stielzelle, dockt an einem geeigneten Ort an und beginnt neue Schwärmerzellen zu bilden.

Experimente zeigten nun, dass die Fortpflanzungsfähigkeit der Stielzellen innerhalb von etwa zwei Wochen stark abnahm. Die Zahl von bis zu 130 produzierten Nachkommen verteilte sich nicht gleichmäßig über die beobachtete Zeit. Einige der Stielzellen hatten bei Versuchsende bereits ganz aufgehört, Schwärmerzellen zu bilden, andere teilten sich nur noch sporadisch.

Es ist zu vermuten, dass das *Caulobacter* keineswegs ein Kuriosum in der Welt der Bakterien darstellt. Was aber ist mit den symmetrischen Zellteilern?

Das Darmbakterium *Escherichia coli* ist z. B. bekannt für vollkommen symmetrische Teilungen. Endloses Leben durch ständiges Teilen? Wie die meisten Bakterien schnürt es sich alle 20 Minuten in der Mitte durch, so dass zwei gleich große Zellhälften entstehen. Die jeweils fehlende Hälfte wird dann neu synthetisiert. Dadurch besteht jede Zelle aus einem alten Zellpol, den sie von ihrer Vorgängerzelle geerbt hat, und aus einem neuen.

Eric Stewart vom Medizininstitut INSERM in Paris und seine Kollegen verfolgten das Schicksal der sich teilenden Bakterienzellen in Abhängigkeit vom Alter ihrer Zellpole. Sie markierten hierfür einzelne *E.-coli*-Zellen mit Fluoreszenzfarbstoffen und beobachteten das Wachstum der Kolonien mit einem automatischen Zeitraffer-Mikroskop. Die anschließende Auswertung von über 35 000 Zellen zeigte: Die Bakterien mit den ältesten Zellpolen hatten eine geringere Wachstums- und Teilungsrate sowie ein höheres Absterberisiko als diejenigen mit neu synthetisierten Zellhälften. Deshalb sind die Forscher überzeugt, dass Alterungserscheinungen bei allen Organismen auftreten.

Dass ich mir die Geschichte des Biolehrers – trotz meines Alters! – bis heute gemerkt habe, hat einen einfachen emotionalen Grund: Ich war der in der letzen Bankreihe ...

Vegetarier und trotzdem Lust auf ein saftiges Steak? Biotech macht's möglich!

Unseren täglich Pilz gib uns heute

Angesichts des steigenden Proteinbedarfs der Menschheit rechnete man in den 60er Jahren mit Hungersnöten in der Zukunft. Da schien die Entdeckung verheißungsvoll, dass man proteinproduzierende Mikroorganismen nicht nur mit zuckerhaltigen Nährlösungen, sondern auch mit Kohlenwasserstoffen des Erdöls (Alkane) oder Methanol ernähren kann.

Im östlichen Europa baute man dabei auf dauerhaft billiges Erdöl und Alkanhefen (Candida), z.B. »Fermosin« aus Schwedt, der Westen favorisierte methanolverwertende Hefen und Bakterien. Beide Riesenprojekte scheiterten. Die Alkanhefen blieben nicht frei von Krebsverdacht, den westlichen Futtermitteln verdarben die EU-Subventionen für Magermilchpulver die Preise, und beiden zogen die Erdölkrisen den finanziellen Boden unter den Füßen weg.

Ein teurer Misserfolg? Jein, denn die Biotechnologen sammelten unschätzbare Erfahrungen beim Bau und Betrieb von riesigen Bioreaktoren. Inzwischen kann man sich den Umweg über das Tierfutter sparen und direkt Nahrungsmittel erzeugen. Ein sehr erfolgreiches Einzeller-Produkt ist heute das von Rank Hovis McDougall (RHM) entwickelte Mycoprotein (grch. mykes = Pilz). Über 30 Millionen englische Pfund gab der Nahrungsmittelriese RHM aus, um einen Pilz zu finden, der sich in passable Imitationen von Fisch,

11. Juni 2005

Geflügel und Fleisch verwandeln lässt. Die Forscher des Unternehmens hatten über 3 000 Bodenproben aus der ganzen Welt analysiert, doch der Erfolg lag beinahe vor der Tür: Im englischen Dorf Marlowe in Buckinghamshire entdeckte man *Fusarium graminolarum*. Dieser Pilz war zuvor nur als Verursacher von Wurzelfäule bei Weizen bekannt.

RHM produzierte damals 15 Prozent des britischen Speisepilzangebotes. Um das negativ belegte Wort Mikroben zu vermeiden, warb man: »*Fusarium* ist ein Pilz wie unsere Speisepilze, die wir essen, ohne zweimal nachzudenken.« Fusarium ist geruchs- und geschmackslos (für Imitate ideal) und enthält etwa 50 Prozent Protein, wie gegrilltes Beefsteak. Sein Gehalt an pflanzlichem(!) Fett ist jedoch deutlich niedriger (13 Prozent); kein Cholesterol, dafür hoher Faseranteil (25 Prozent) – das alles bringt Gesundheitspunkte. Waren bei anderen Mikroben Nucleinsäuren (problematisch als Gicht-Verursacher) ein Problem (15 bis 25 Prozent), so enthält Mycoprotein nicht mal ein Prozent davon.

Die Aminosäure-Zusammensetzung des Pilzes wird von der UN-Welternährungsorganisation FAO als »ideal« bezeichnet. Doch seine Trumpfkarte ist die Anpassungsfähigkeit: Je nach Faserlänge, die von der Verweildauer im Bioreaktor abhängt, taugt er für Suppen ebenso wie für überzeugende Nachahmungen von Geflügel, Schinken und Kalbfleisch.

Das Nährmedium von *Fusarium* – ein Glucosesirup mit Ammoniak – lässt sich aus beliebigen Stärkeprodukten gewinnen. Kartoffeln, Weizen oder Reis eignen sich genauso wie tropische Cassava-Wurzel oder Zuckerrohr. Auf diese Art ist Protein deutlich effizienter zu erzeugen als über die Fütterung von Haustieren.

Inzwischen ist das Pilzeiweiß in England als QUORN auf dem Markt und hat auch Deutschland erreicht; Quorn-Schnitzel, -Wurst und -Wiener sind bereits im Angebot. Mächtige Reklame bewirkte gegenüber 1993 eine Umsatzsteigerung auf das 50-fache (150 Mill. US-Dollar).

»Mein Schnitzel schmeckt heute leicht nach Bioreaktor...«, könnte irgendwann eine Mäkelei auch an deutschen Tischen werden.

Verschimmeltes Monopol

Der letzte deutsche Kaiser ließ Zitronensäure an seine Matrosen ausgeben, um Scorbut zu vermeiden. Die Folge des kaiserlichen Einfalls: heftiger Durchfall. Majestät hielt die Säure für die wirksame Substanz in der Frucht. Damals verzeihlich, wenn auch symptomatisch.

Die kommerzielle Produktion von Zitronensäure hatten John und Edward Sturge im englischen Selby bereits 1826 aufgenommen. Als Rohstoff diente Saft von italienischen Zitrusfrüchten. Aus ihm wurde Kalziumzitrat gewonnen, das leicht in Zitronensäure überführt werden kann.

Kein geringerer als Justus von Liebig bestimmte 1838 die Struktur der Zitronensäure. 1893 beobachtete dann der deutsche Mikrobiologe Carl Wehmer, dass Schimmelpilze beim Wachstum auf Zucker Zitronensäure produzieren. Wie so oft, las den Artikel niemand.

Der Bedarf an Zitronensäure stieg nach dem Ersten Weltkrieg und mit ihm die Preise. Man suchte nach Alternativen zur aufwendigen Isolierung aus Zitrusfrüchten. Und siehe da: John N. Currie publizierte im »Journal of Biological Chemistry« einen Artikel, der das italienische Monopol binnen weniger Jahre beendete. Currie hatte herausgefunden, dass *Aspergillus niger* – auch schwarzer Brotschimmel genannt – sehr viel mehr Zitronensäure produziert als andere Pilze und untersuchte die Bedingungen, bei denen die Ausbeute am höchsten war. Die Firma Pfizer in New York nahm 1923 unter Mithilfe von Currie die erste Großproduktion von Zitronensäure auf.

Das erfolgreiche industrielle Verfahren für Zitronensäure vernichtete in den 20er-Jahren die Existenz der italienischen Kleinbauern, die von ihren Zitronenplantagen lebten – eine frühe negative soziale Auswirkung der Biotechnologie.

Die mikrobiologisch erzeugte Zitronensäure ist chemisch völlig identisch mit dem Naturprodukt aus Zitrusfrüchten. Sie wird wegen ihres Geschmacks für Bonbons, Limonaden, Konfitüren und in Lebensmitteln eingesetzt. Zitronensäure ist auch ein möglicher Ersatz für die Umwelt belastenden Polyphosphate in Waschmitteln und Spülmitteln, weil sie Komplexe mit Kalzium und Magnesium bildet. Da sie überdies Schwermetalle bindet, wird die Zitronensäure auch in der Notfallmedizin bei Vergiftungen eingesetzt. Im Krankenhaus verhindert sie die Gerinnung von Blutproben.

Die Kultivierung von *Aspergillus niger* erfolgte auf der Oberfläche eines Flüssigmediums. Glucose, Saccharose und Melasse aus Zuckerrüben waren Ausgangssubstrate.

100 Jahre nach Firmengründung kombinierte John & E. Sturge (Citric) Ltd. 1930 die Methode von Currie mit der herkömmlichen chemischen Gewinnung des Kalziumzitrates aus Zitronensaft. Nach dem 2. Weltkrieg wurde ein Verfahren mit untergetauchten Pilz-Kulturen entwickelt, es war besser kontrollierbar.

Heute werden in industriellen Bioreaktoren mit 100 bis 500 Kubikmetern Fassungsvermögen 85 Prozent des eingesetzten Rohstoffs als Zitronensäure gewonnen. Die Produktionsstämme von *Aspergillus* gehören bis heute zu den bestgehüteten Geheimnissen der Biotech-Industrie.

Weltweit werden jährlich etwa 800 000 Tonnen Zitronensäure mit einem Marktwert von etwa 800 Millionen US-Dollar fast ausschließlich mikrobiell erzeugt. Um diese Menge aus Zitrusfrüchten herzustellen, hätte man wohl ganz Italien mit Zitronenbäumchen zupflanzen müssen.

Der Weg zur ewigen Jugend?

Wäre der »kleine« Napoleon auch ein großer Feldherr geworden, wenn er als Kind Wachstumshormon bekommen hätte? Mangel an Wachstumshormon führt im Extremfall zu Zwergwuchs oder zu Unfruchtbarkeit.

Erst ab 1958 gab es die Möglichkeit, Kindern Wachstumshormon zu spritzen. Im Gegensatz zum Insulin wirkt leider nur das menschliche Wachstumshormon (hGH), das man damals aus den Gehirnen von Leichen entnahm. Die zweijährige Behandlung eines Kindes erforderte 50 bis 100 Hirnanhangsdrüsen (Hypophysen).

Anfang 1985 wurde nach einigen Todesfällen bei Patienten der Verkauf und die Anwendung von natürlichem Wachstumshormon untersagt: Bei der Isolierung des Hormons sollen infektiöse Partikel in das Medikament gelangt sein und die Creutzfeldt Jacob-Krankheit ausgelöst haben (ähnlich BSE).

Glücklicherweise gibt es jetzt das neue gentechnisch produzierte hGH. Die schwedische Firma Kabi Vitrum, bislang weltgrößter Hersteller von »natürlichen« menschlichen Wachstumshormonen, produziert beispielsweise in einem 450-Liter-Bioreaktor mit Bakterien dieselbe Menge gentechnisch, die zuvor aus 60 000 (!) Hirnanhangdrüsen gewonnen wurde.

Die US-Firma Genentech testete übrigens das Gentechnikprodukt unkonventionell an ihren Managern. »Manager sollten starkes Sitzfleisch haben«, meinte der Boss und ließ die Substanz auch in sein Gesäß applizieren. Er vertrug es gut.

9. Juli 2005

Studien zum Thema Kleinwuchs und Wachstumshormon wurden in den USA an über tausend Kinder durchgeführt. Es erwies sich, dass die Kinder durch die Wachstumhormontherapie mit im Mittel 2,86 Zentimetern pro Jahr signifikant schneller wuchsen als jene Kinder, die kein Wachstumshormon erhalten hatten. Im Jugendalter ergab sich so eine Längendifferenz von 4 bis 6 Zentimetern zugunsten der Kinder in der Wachstumshormontherapie-Gruppe.

Neue Befunde lassen den noch kleinen Markt für Wachstumshormone deutlich anwachsen. So brachte das Rinderwachstumshormon nicht nur eine höhere Milchleistung bei Kühen, sondern auch mehr Muskelwachstum in der Mast. Diese »anabole Wirkung« elektrisierte wiederum Bodybuilder und Sportler.

Wachstumshormon scheint aber auch bei der Wundheilung und gegen den Knochenschwund im Alter günstig zu wirken. Ist hier ein biotechnologischer Jungbrunnen in Sicht?

Doch zurück zu Napoleon. Der war gar kein Zwerg! Mit 1,69 Metern war er etwas größer als der französische Durchschnittsmann. Alles ist relativ... Vielleicht hätte er sich nicht vor seinen baumlangen Gardesoldaten in der Öffentlichkeit zeigen sollen.

Hongkong und die Vogelgrippe

1997, im Jahr der Wiedervereinigung mit dem Mutterland, schlug das Grippevirus zu: Der hochpathogene Stamm H5N1 der Vogelgrippe brachte 6 von 18 Befallenen um. Innerhalb von nur drei Tagen wurden 1,5 Millionen Hühner und Enten getötet, die gesamte Geflügelpopulation von Hongkong. Experten glauben, dass diese rigorose Aktion ein Ausbreiten der Vogelgrippe gestoppt hat.

Zu früh gefreut: das Virus ist wieder (oder immer noch) da. Mitte Dezember 2003 kam es zu Ausbrüchen in Korea, Vietnam, Thailand und Japan. Dann Kambodscha, China, Laos und Indonesien. 120 Millionen Vögel wurden 2004 deshalb umgebracht. In Japan und Korea war das Virus in Großfarmen leichter unter Kontrolle zu bringen, nicht so in den winzigen Farmen hinterm Haus!

Warum die Aufregung? Fachleute warnen, dass das Vogelvirus H5N1 Menschen oder Schweine als »Mischer« zur Kombination mit menschlicher Grippe benutzen könnte. Ein weltweiter Seuchenzug wäre die Folge.

Seit 2004 hat sich die Fatalitätsrate der Infizierten auf 70 Prozent eingepegelt, verglichen mit »nur« 10 Prozent bei SARS. Weltweit wurden zwischen November 2002 und Juli 2003 etwa 8000 Fälle gezählt mit 774 Opfern. Obwohl SARS so kurz andauerte, lagen die globalen Gesamtkosten bei etwa 30 bis 50 Milliarden US-Dollar, hauptsächlich, weil Handel, Reisen und Investment in Asien gestört waren. Ironischerweise wurde SARS nicht etwa durch modernste medizinische Technologien gestoppt, sondern durch Disziplin und Hygiene. Nur die Informationstechnologien brachten einen echten Beitrag zur Eindämmung – durch Teleunterricht. Die Informationstechnologien sandten andererseits Schockwellen um die Welt: Angst! In Hong Kong konnte man im Fernsehen sehen, wie CNN und BBC SARS gewaltig aufbliesen.

Im nachhinein scheint es eine Überreaktion der Medien gewesen zu sein... Aber wer erinnert sich noch der Panik in Hongkong, als in einem Hochhaus alle Bewohner der übereinanderliegenden Wohnungen infiziert waren... Als die Zahl der infizierten Krankenpfleger mit einer Woche Verzögerung mit der gleichen Geschwindigkeit anwuchs, wie die der Kranken in der Bevölkerung, wurden auch wir Wissenschaftler unruhig.

Was ist der Unterschied der Vogelgrippe zu SARS? Influenza-Viren des A-Typs sind infektiöser als die SARS-Coronaviren, ihre Inkubationszeit ist kürzer. Das Grippe-Virus kann verbreitet werden, bevor Symptome auftreten. Fiebermessungen an den Grenzen wie bei SARS helfen deshalb wenig bei Grippe.

Wie geht es weiter? Wir in Hongkong haben eine Menge durch SARS gelernt. Neue biotechnologische Impfstoffe werden in China fieberhaft entwickelt. Neue Diagnostic-Chips erlauben schnelle Influenza-Tests. Schutzmasken liegen bereit, 20 Millionen Dosen des Antivirusmittels Tamiflu werden für Hongkong 2005 eingekauft.

Wie sagte Nobelpreisträger David Baltimore 2003? »Neue Medientechnologien beschleunigen die öffentliche Angst schneller, als neue Gesundheitstechnologien auf die Gefahr reagieren können. Glaubwürdigkeit ist aber der Schlüssel, um Dinge unter Kontrolle zu bekommen...« Der Gesichtsverlust der ratlosen Hongkonger Führung 2003 bei SARS führte zwei Jahre später zu ihrer Ablösung. Andere Länder schaffen das ohne Virus...

»Ausschalter« für Gene?

98,5 Prozent unseres Erbgutes galten bislang als Müll. Diese »junk-DNA« enthält keine Information für die Eiweißproduktion der Zelle. Wozu wird sie dann benötigt? Ein anderes Rätsel: Wir haben nur 8mal mehr Gene als »unser« Darmbakterium *Escherichia coli*, aber wir sind als »Krone der Schöpfung« bestimmt 1000-mal komplexer.

Normalerweise hat eine Zelle im Kern die Doppelstrang-DNA und fertigt davon eine Kopie an, die Boten-Ribonucleinsäure (m-RNA). Die Boten-RNA hat nur einen Strang, der sich aus dem Zellkern zu den Eiweißfabriken (Ribosomen) herausschlängelt und dort abgelesen wird. Die Ribosomen fabrizieren dann Eiweiße nach der Bauanleitung auf der RNA, also von einer DNA-Kopie. Wenn Fehler im DNA-Bauplan (in den Genen) enthalten sind, werden falsche Boten-RNAs und falsche Eiweiße produziert. Das kann beispielsweise zu Krebs führen.

2001 fand der deutsche Wissenschaftler Thomas Tuschl am Göttinger Max-Planck-Institut für Biophysikalische Chemie, einen Ansatz: kurze RNA-Moleküle. Er konnte mit künstlichen RNA-Schnipseln erstmals die Boten-RNA effektiv auf ihrem Weg stören. Mit Hilfe der »interferierenden RNA« (RNAi) lassen sich die Boten mit der schlechten Nachricht abfangen.

Dazu musste die Schnipsel-RNA lediglich dieselbe Basenabfolge wie das Gen in der Zellkern-DNA haben, das »stillgelegt« werden soll. Die interferierenden Schnipsel schalten einen zelleigenen komplizierten

Mechanismus an, der die vom »schlechten« Gen abgelesenen Boten-RNAs zerstört. Der Bote wird also auf dem Weg zur Produktion von der RNAi gestoppt und, nun ja... zum Schweigen gebracht.

Mit RNAi-Technologie wird das Erbgut des Menschen und von Modellorganismen nach neuen Angriffspunkten für Medikamente durchsucht. Rund 5 000 der menschlichen Gene sind für Medikamente interessant, und mit Hilfe der Schnipsel-RNA hofft man, sie durch Stilllegen zu finden.

Doch die RNAi lässt sich auch selbst als Medikament einsetzen. Die Liste möglicher Einsatzgebiete ist lang: Man würde gern die Gene zum Schweigen bringen, die Rheuma, Alzheimer, Parkinson, Krebs, Stoffwechsel- und Autoimmunerkrankungen sowie Infektionskrankheiten auslösen. Doch der Weg vom Labor zur Anwendung in der Klinik ist noch lang. Frühestens 2008 ist mit der Zulassung der allerersten RNAi-Wirkstoffe zu rechnen.

Die größte Schwierigkeit der RNAi-Therapie: Wie bringt man die fragilen RNAi-Moleküle in die Zellkerne, in denen sie wirken sollen? In der Blutbahn wird der empfindliche Stoff sofort attackiert und schnell von Enzymen abgebaut.

Sind die kleinen RNA-Moleküle und alle Gene, die nicht direkt in Proteine umgesetzt werden, gar die wahren Herrscher im Zellkern und Motor der Evolution? Was Tuschl künstlich macht, tut die Natur offenbar schon lange, man hat es nur übersehen! Molekularbiologen nennen das inzwischen den schlimmsten Irrtum ihrer Zunft.

Auf den Hund gekommen?

Die Fakten: Der Hund »Snuppy« (von Seoul National University und »puppy«, dem englischen Wort für junge Hunde) vertritt die elfte vom Menschen geklonte Tierart der Geschichte – nach Schafen, Mäusen, Kühen, Ziegen, Schweinen, Kaninchen, Katzen, Maultieren, Rehen und Pferden. Er wurde von einer Labrador-Hündin ausgetragen und gleicht seinem Afghanen-Papa auf's Haar. Snuppy ist ein ausgemachter Glückshund, der einzige von 1095 geklonten Embryonen, der gesund überlebt hat!

Seit dem Schaf Dolly vor zehn Jahren hat sich die »Klonologie« nicht so rasant entwickelt wie erwartet oder befürchtet. Mark Westhusin von der Texas A&M University, der das Kätzchen CarbonCopy geklont hatte, gab die Versuche mit Hunden nach drei Jahren entnervt auf. Das Schwierige beim Hund sind die Eizellen, die hier die Ovarien in einer frühen Entwicklungsstufe verlassen und auf ihrer Reise zur Gebärmutter in den Eileitern reifen. Der rechte Zeitpunkt der Entnahme ist also schwierig zu treffen. Wie bei allen Klonierungen wurde danach der weibliche Kern entfernt und durch den Afghanen-Ohr-Zellkern ersetzt, die so veränderte Eizelle in eine Leihmutter implantiert.

15 südkoreanische Forscher arbeiteten zweieinhalb Jahre an Snuppy, unter der strengen Leitung von Star-Biotechnologen Woo Suk Hwang. Dieser wurde weltberühmt (und weltweit verdammt vom Papst bis zu George Doublejuh), weil er erstmals menschliche

Klone einzig zu dem Zwecke hergestellt hatte, daraus embryonale Stammzellen zu entnehmen. Vor kurzem konnten die Forscher das Experiment mit Erbgut von erkrankten Menschen wiederholen. Das aber sind die Voraussetzungen für das therapeutische Klonen, die Nachzucht von Ersatzgewebe für Kranke.

Prof. Hwang schwimmt heute in Forschungsgeld, nachdem er durchsickern ließ, ein Angebot aus den USA bekommen zu haben. (*Mittlerweile nicht mehr ... siehe Seite 149.*) Ihm wurde sogar eine koreanische Briefmarke gewidmet.

Eigentlich will Hwang Hundeklone als Modelle für menschliche Krankheiten erzeugen (das wird kerngesunde Hundebesitzer sicherlich ärgern). Aber sein Konkurrent Mark Westhusin meint, es sei den Aufwand nicht wert. An Klon-Hunden könnte jedoch erforscht werden, welche

genetischen und welche äußeren Faktoren die Eigenschaften der zahlreichen Rassen bestimmen.

Die selbsternannten »Menschen-Kloner« sind im Moment »auf den Hund gekommen«, weil sie inzwischen gefragt werden, wer die Verantwortung dafür übernehmen will, für ein gesundes Klon-Baby von Hunderten Leihmüttern Tausende missgebildete Embryonen erzeugen zu lassen.

Flipper künstlich befruchtet

Am Baby-Becken drängeln sich die chinesischen Besucher aus der Volksrepublik: Die Delphin-Kühe Ada und Gina zeigen ein Schauschwimmen mit ihren Kälbern Max und Hoi Kei. Kurz vor Eröffnung des Hongkonger Disneyland ist der Ocean Park noch Attraktion Nummer eins. Die Großen Tümmler (*Tursiops truncatus*) sind der Magnet aller Ozeanarien. Spätestens seit der Fernsehserie »Flipper« sind sie weltbekannt – allerdings auch, dass ihr Bestand insgesamt durch Umweltgifte, Fischernetze und direkte Jagd gefährdet ist. Die Hongkonger Meeresbiologen haben nun zum ersten Mal eine künstliche Besamung bei Delphinen praktiziert. Als neugieriger Biotech-Professor habe ich mir eine Audienz organisiert.

In der Hundezucht wird die künstliche Besamung schon um 1780 beschrieben. Die erste deutsche Besamungsstation für Rinder entstand 1942. In den fünfziger Jahren wurden Techniken zur Lagerung von Bullensperma in flüssigem Stickstoff (-196 °C) entwickelt, eine Revolution in der Tierzucht. Es ist schon ein großer Unterschied, ob ein heißblütiger Stier oder nur ein Paket mit tiefgefrorenem Bullensperma über den Atlantik geschickt wird. Heute werden in den Industrieländern etwa 90 Prozent der Milchkühe durch künstliche Befruchtung gezeugt, bei Schweinen etwa 60 Prozent.

Die Methode ist kostengünstig: Ein Zuchtbulle bespringt eine Kuh-Attrappe, und aus seinem Ejakulat gewinnt man 400 Portionen Samen mit je 20 Millionen Spermien. Ein »Besamungsbulle« ersetzt etwa 1000 »Natursprungbullen«.

Durch die künstliche Besamung ist es möglich geworden, zur Zucht ausschließlich Samen hochwertiger Bullen einzusetzen. In den vergangenen 40 Jahren wurde so, durch verbesserte Fütterung und ganz ohne Gentechnik (!), die Milchleistung pro Kuh dramatisch gesteigert: von 1000 Litern im Jahr auf heute mehr als 8000.

Bei solchen Züchtungen kommt es nicht nur auf den Vater, sondern auch auf die Mutter an. Aber selbst eine künstlich besamte Kuh mit herausragenden Merkmalen kann in der Regel nur ein oder selten auch zwei Kälbchen nach neun Monaten zur Welt bringen. Inzwischen ist es jedoch möglich, von einer solchen Kuh in der selben Zeit weit mehr Nachkommen zu erzeugen. Das Injizieren des Hormons Gonadotropin bewirkt eine gleichzeitige Reifung mehrerer Eizellen (Superovulation). Die Kuh wird künstlich befruchtet, die dadurch entstandenen Embryonen entnimmt man ihr dann relativ einfach. Bis zu acht transfertaugliche Embryonen werden dann mit einer 50 prozentigen Erfolgsquote von Leihmüttern ausgetragen.

Mittels Flüssigstickstoff lassen sich auch Embryonen sehr lange konservieren für eine spätere Verpflanzung in Leihmütter – so kann erst abgewartet werden, ob sich eine »Kleinserie« lohnt.

Im Cincinnati Zoo in Ohio (USA) wurden schon 1984 erfolgreich Holstein-Rinder als Leihmütter für den seltenen Malaysischen Gaur (*Bos gaurus*) eingesetzt.

In Kenia nutzte man die verbreiteten Elen-Antilopen (*Taurotragus oryx*) als Leihmutter, um die Population der seltenen Bongo-Antilope (*Tragelaphus euryceros*) wieder aufzubauen.

Und nun auch Delphine. Delphin-Trainerin Claire ist wie eine zweite Mutter für die Kids und plantscht mit ihnen im Becken. Beneidenswert (die Tiere...) Die Babys benehmen sich allerdings wie zwei eifersüchtige Menschenkinder und konkurrieren um Claires Gunst. Ihr Wunsch? Am liebsten wohl noch eine Kopie der Menschenmama...

Schwer giftig

Nach den Schrecken des Hurrikans in New Orleans kommen die Folgekatastrophen: Krankheitserreger und bleihaltiges Wasser.

Blei (lat. plumbum, von plumbeus: bleiern, stumpf, bleischwer) ist ein chemisches Element, ein Schwermetall. Unsere Altvorderen brachten das Blei mit dem Saturn in Verbindung. Blei hemmt wie alle Schwermetalle (Cadmium, Quecksilber) Enzyme. Symptome des »Saturnismus« sind u.a. Lähmung, Kreislaufstörungen, Gelenkschmerzen, Koliken, Nierenschrumpfung, Taubheit. Blei führt auch zu Unfruchtbarkeit.

Taubheit? Die Taubheit Ludwig van Beethovens ließ seine modernen Verehrer nicht ruhen: 1994 erwarben vier Mitglieder der Amerikanischen Beethoven-Gesellschaft bei einer Auktion von Sotheby's in London für 7300 Dollar eine Haarlocke des Meisters.

Durch Analysen wollte man eine Anhäufung von Quecksilber nachweisen, was aber mislang. Die nur geringen Spuren widerlegten damit die vielfach veröffentlichte These über eine Syphilliserkrankung Beethovens. Diese Krankheit wurde nämlich einst mit quecksilberhaltigen Salben behandelt. Stattdessen fand man reichlich Blei. Als Quelle der Bleivergiftung wird gesüßter Wein vermutet.

Wieso dies? Nun, Blei war als Teil von Bronze, als Bestandteil von Gesichtspuder, in vielen Farben, Trinkbechern und Pfannen allgegenwärtig. Im Alten Rom diente es erstmals zum Reparieren der Trinkwasserleitungen – Klempner heist im Englischen plumber.

Obwohl die Römer um die Gefährlichkeit von Blei wussten, übersahen oder ignorierten sie einige weniger augenfällige Quellen alltäglicher Bleivergiftung. Zum Beispiel wurde Essig damals in Keramikgefäßen mit bleihaltigen Glasuren aufbewahrt. Aber Essig reagiert mit Blei, dabei entsteht Bleiacetat. Dieses Salz der Essigsäure ist gut in Wasser löslich, schmeckt süß und wird deshalb Bleizucker genannt. Die Reaktion findet auch bei saurem Wein statt. Bleizucker wurde sogar als Aphrodisiacum extra hinzugesetzt. Da halfen auch keine goldenen Becher mehr – das Imperium vergiftete sich peu à peu selbst.

Einige Historiker glauben, dass schon im ersten Jahrhundert vor unserer Zeit Julius Cäsar trotz seiner Liebeseskapaden wegen »Saturnismus« nur einen einzigen Sohn zeugen konnte. Cäsar Augustus war total unfruchtbar und sexuell desinteressiert. Im ersten Jahrhundert unserer Zeit waren viele Aristokraten steril. Auch die mentale Verwirrung der Herren Caligula, Nero und Commodus könnte auf Bleivergiftungen zurückgehen.

Die berühmten Wasserleitungen im römischen Reich bestanden innerhalb der Häuser im Wesentlichen aus Bleirohren. Mit der Zeit erhielten diese durch Reaktion mit Kohlensäure aus dem Wasser eine Schutzschicht aus Bleikarbonat ($PbCO_3$). Allerdings ließen manche Römer an Festtagen die Wasserleitungen mit Wein füllen – was die Schutzschicht löste und Bleizucker in großen Mengen erzeugte. Noch im Mittelalter wurde Bleizucker verwendet, und selbst zu Beethovens Zeit war er Weinpanschern noch willkommen.

Und heute? Wir alle fuhren Jahrzehnte mit verbleitem Benzin. Wir verschönten unsere Umwelt mit »Bleiweiß« und »Bleirot«, wegen der Leuchtkraft – wohl auch so manches alte Haus in New Orleans. Und manche Keramik aus dem Urlaub konfrontiert uns wieder mit dem Stoff. Und das Trinkwasser? Hier und da sind in alten Häusern noch Bleirohre vorhanden. Dort sollte man nach längerer Zapfpause (z.B. morgens) das abgestandene Wasser ablaufen lassen – so werden gelöste Bleianteile weggespült.

Ich kaue am Bleistift wegen einer netten Pointe ... Oh Gott: Blei! Aber keine Sorge, Bleistiftkauen ist ungefährlich! Statt Blei oder Silber enthält er längst Graphit (Kohlenstoff).

Smarte Arzneien

Im Jahre 1959, als John P. Kane sein neues Labor an der Universität von Kalifornien eröffnen wollte, erhielt er einen Anruf: Sein Vater sei soeben an den Folgen eines Herzinfarkts verstorben. Der General im Ruhestand war 66, Vegetarier und schien kerngesund. Der Schock katapultierte seinen Filius in die kardiologische Forschung. Heute, nach fast 50 Jahren, könnten seine Anstrengungen beim Kampf gegen den »Killer Nummer 1« Früchte tragen.

Zuerst untersuchte Kane 20 Jahre lang mit seiner Frau Mary J. Malloy den Zusammenhang von Cholesterol und Herzinfarkt. 1985 fing er an, DNA-Proben zu sammeln. Inzwischen ist er 72 und hat 10 000 Gene, etwa die Hälfte des Humangenoms, überprüft. Bei Menschen mit Neigung zum Herzinfarkt entdeckte er dabei 20 Variationen. Eines der Gene führt im defekten Zustand zu einem erhöhten Cholesterinspiegel im Blut und in der Leber.

Doch mindestens die Hälfte der genetischen Variationen hatten keinen offensichtlichen Zusammenhang zu Cholesterol-Spiegel und Blutdruck. Stattdessen hingen sie mit Entzündungen zusammen, wie sie in der Immunabwehr vorkommen. Es scheint also verschiedene Formen der Herzkrankheit zu geben, ähnlich der Vielfalt bei Lungen- und Brustkrebs. Anstatt automatisch eine lipidsenkende Arznei zu verschreiben, wäre also ein Gentest sinnvoll, um zuerst den Typ der Herzerkrankung zu ermitteln; eventuell erweist sich ein Entzündungshemmer als Mittel der Wahl.

1. Oktober 2005

So treten wir in das Zeitalter der »personalisierten Medizin« ein, mit individuell zugeschnittenen Arzneimitteln. Die Zeiten, wo Millionen Menschen das gleiche Medikament schluckten, sind dann vorbei. Die Pharmaindustrie ist davon nicht sonderlich begeistert: Ihre milliardenschweren Blockbuster wären womöglich nur noch Mittel zweiter Wahl.

Es gibt einige frühe Erfolge bei der DNA-Diagnose: Genentech Inc. hat z.B. Herceptin entwickelt, mit dem 175 000 Brustkrebspatientinnen mit einer kleinen genetischen Besonderheit erfolgreich behandelt wurden.

Die gesellschaftlichen Konsequenzen der neuen Technologie sind (wie immer) janusköpfig: 2,2 Millionen Amerikaner leiden an Nebenwirkungen von Arzneimitteln, 100 000 sterben daran. Ein einfacher Gentest könnte das verhindern und Kosten sparen. In den Händen der Versicherungsgesellschaften brächten die Tests einen weiteren Ausschlussgrund für Lebens- und Krankenversicherungen mit sich. Außerdem ist das Testen teuer: Brust- und Gebärmutterkrebs-Tests kosten etwa 3 000 Dollar. Die moderne Zwei-Klassen-Medizin?

Und wo bleibt die optimistische Stelle? John P. Kane sagt, der Fortschritt sei nicht aufzuhalten. Sein Vater würde davon zwar nicht wieder lebendig, aber seine drei erwachsenen Kinder werden von den Gentests profitieren. Sie werden sagen, dass wir alle im medizinischen Dunkeln gesessen haben...

Kane vergleicht seine Patienten-DNA auch mit der von supergesunden Alten. Bei den Huntsman Senior Games in Utah tummelten sich zwei Wochen lang

7000 Sportler in Sportarten wie Bowling, Golf, Rennrad, Schießen, Mountainbiking, Racquetball, Squaredance und Softball in den Altersstufen ab 50, 55, 60, 65 und 70.

Es gibt also nicht nur schlechte Nachrichten aus den USA. Den Verfasser dieser Zeilen erfreut, dass er zumindest in Utah nochmal als Youngster antreten könnte, z.B. beim Bier-Stemm-Wettbewerb...

Digitale Darmbakterien

Was macht man als Darmbakterium, wenn eine Wolke nahrhafter Aminosäuren heranschwebt?

Man wirft seine molekularen Motoren an! Waren die Bewegungen bis eben noch langsam und zickzackartig, bringen nun korkenzieherähnlich rotierende Geißeln (Flagellen) die Mikroben in Fahrt.

Bakterien sind etwa 1 Tausendstel Millimeter groß und wiegen 1 Billionstel Gramm. Sie können pro Sekunde das 35fache ihrer Körperlänge zurücklegen – umgerechnet auf menschliche Dimensionen wäre das eine Schwimmgeschwindigkeit von mehr als 200 km/h!

Escherichia coli ist das Haustier der Molekularbiologen. Es wurde nach seinem Entdecker, dem Wiener Kinderarzt Theodor Escherich (1857–1911) benannt. Der Darm (lateinisch Colon), ihr Lebensraum, brachte den zweiten Namensteil.

Colibakterien sind für die Umweltbewertung ein wichtiger Indikator. Sie besiedeln zu Milliarden unseren Darm, sind auch, bis auf eine spezielle fleischvergiftende Variante, nicht gefährlich. Doch wo sie vermehrt auftreten, sind menschliche oder tierische Ausscheidungen – also mangelnde Hygiene – im Spiel.

Die Motoren der Bakterien sind ein Wunder der Evolution. Sie werden mit ATP, dem »Kraftstoff« der Zelle, angetrieben und rotieren mit hoher Drehzahl in einem molekularen Gelenk. Die notwendige Antriebsenergie kommt aus der Nahrung des Bakteriums. Es gilt, ständig nach Zuckern und Aminosäuren Ausschau zu halten und dann möglichst vor den Konkurrenten zur Stelle zu sein.

An der Universität von Chicago hat man nun auf dem Computer simuliert, wie sich 1000 Coli-Zellen unabhängig voneinander zu einer Nahrungsquelle hinbewegen würden. Das Computerprogramm heißt Agent-Cell. Die Bakterien befinden sich in der Mitte einer Lösung und bekommen einen chemischen Reiz, hier die Aminosäure Aspartat. So kann nun nachvollzogen werden, wie sich Aspartat-Liebhaber und -Verächter unter den Coli-Zellen bewegen würden.

Doch sind Computer-Bakterien nützlich (was man den entsprechenden Viren absprechen möchte)? Sehr wahrscheinlich. Geht es doch bei der nächsten Simulationsstufe darum, wie sie sich ihres Wirts (also auch unseres Darms) bemächtigen. Ihr kurzer Lebens- und Vermehrungszyklus ermöglicht theoretisch unter idealen Bedingungen jeder Zelle nach 24 Stunden eine Nachkommenschaft von fast fünf Trilliarden (das ist eine Fünf mit 21 Nullen) Bakterien.

Es gibt noch viel mehr Interessantes aus dem Leben der Darmbakterien zu erforschen. Sie können beispielsweise DNA austauschen! Das tun sie über sogenannte »Sex-Pili« – lange Schläuche, in denen die DNA 'rüberwandert. Die Pili sind aufgebaut wie Flagellen. So lassen sich Gene für Resistenzen übertragen. Die Fähigkeit zur Produktion antibiotika-knackender Enzyme wird weitergegeben – ein riesiges Problem für unsere aktuellen Therapien!

So ein DNA-Austausch dauert im Durchschnitt eine halbe Stunde. Das veranlasste einen der Gründerväter der Gentechnik, Gunter Stent, zu der Bemerkung, die Biester hätten eine durchschnittliche Lebenserwartung von 20 Minuten. Und wenn sie Sex haben, dauerte der länger, als sie eigentlich leben... Happy bacteria!

Hongkong im Tamiflu-Fieber

Yuen Po Street Bird Garden, der wunderbare Vogelmarkt Hongkongs, hat nur noch wenige Besucher. Tausende Piepmätze warten vergeblich auf neue Besitzer. Die Stadt ist bereits im Banne der Vogelgrippe mit dem Virus H5N1. Andererseits: Lebende Hühner und Enten werden munter weiter verkauft. »Kein Grund zur Panik!«, sagt die Regierung. Grund genug für die Hongkonger, das Gegenteil zu glauben.

Zeitungsschlagzeilen wie »Grippemittel fast ausverkauft« heizen die Atmosphäre an. Die Wunderdroge heißt Tamiflu und kommt vom Schweizer Pharma-Riesen Roche. Ihr Wirkstoff Oseltamivir hemmt das Virus-Enzym Neuraminidase. Die neu entstandenen Viren können sich dann nicht von den befallenen Zellen lösen und weitere erobern.

Die Vogelgrippe entstand in Asien, aber Asien selber liefert, das ist Dialektik, auch ein »Kräutlein« dagegen. In jeder chinesischen Küche findet man Ba-jiao oder Stern-Anis. Es wird aus den achtstrahligen öligen Früchten der kleinen immergrünen Shikimi-Bäume (*Illicium verum*), entfernten Magnolien-Verwandten in Südchina, gewonnen. Hier dient es seit Urzeiten als Heilmittel, vor allem bei Magenbeschwerden, Zahnschmerzen oder mangelnder Potenz. Natürlich würzt man auch damit, ironischerweise Entengerichte. In Deutschland ist das ätherische Öl eher im Weihnachtsgebäck oder Lebkuchen zu finden.

Und nun bildet die aus Stern-Anis gewonnene Shikimisäure die chemische Grundlage von Tamiflu.

29. Oktober 2005

10 bis 20 Tonnen Oseltamivier sollen 2003 erzeugt worden sein, wobei jede Tonne eine Million Zehnerpackungen der Arznei ermöglicht. Mit dieser Menge Tamiflu könnten 100 bis 200 Millionen Menschen 5 Tage lang versorgt werden. Doch die Nachfrage ist sprunghaft gestiegen. Die aktuellen Vorbestellungen aus bisher vierzig Ländern binden den Ausstoß von Roche bis 2007 komplett, trotz bereits erfolgter Verdopplung der Kapazitäten. Die US-Amerikaner wurden erst nach Hurrikan Katrina munter und halten nun 3 Milliarden Dollar bereit zum Tamiflu-Kauf. Sie stehen aber in der Besteller-Liste hinter Rumänien und Ungarn! Man darf gespannt sein, wie das ausgeht...

Verschiedene Länder forderten Roche auf, das Patent für Tamiflu freizugeben, lange vergebens. Thailand und Taiwan wollen es inzwischen auf eigene Faust produzieren. Nun machte Roche eine Kehrtwende. Warum auch nicht? Die Ernte von Stern-Anis ist im März bis Mai, und Roche hat sie zu ca. 90 Prozent aufgekauft. Da die Weiterverarbeitung ein Jahr dauern soll, sind die Konkurrenten nahezu chancenlos.

Da wir in Hongkong zusammen mit einer kleinen Firma in Berlin-Buch an einem schnellen Virus-Test arbeiten, wollte ich unbedingt Tamiflu im Haus haben. Einfach zur Sicherheit. Also besorgte ich mir ein Rezept von der Uni-Klinik und eilte zur nächsten Apotheke. Der handgeschriebene Zettel an der Tür verhieß nichts Gutes, ich konnte nur tamiflu entziffern. Als gelernter DDR-Bürger stellte ich mich dumm und ging schnurstracks zum Chef-Apotheker, deutlich kenntlich an Alter, goldener Brille und Halbglatze.

»Lieber Kollege, wir brauchen Ihre unschätzbare wissenschaftliche Hilfe!«, säuselte ich. Der Geehrte verbeugte sich dreimal und sprach laut: «Solly, no tamiflu! You wait!» Dann kritzelte er drei chinesische Zeichen auf mein Rezept und flüsterte mir zu »One thousand!«. Schnell schob ich zwei 500er Scheine rüber.

Plötzlich fühlte ich mich in der Zeitmaschine: Vor 25 Jahren... 1980... Fleischerei Florastraße in Pankow... man bezahlte blind und nahm ein Päckchen in Empfang... Öffnen des Päckchens vor dem Laden: »Ahh... Rinderfilet!« 25. Okt. 2005, Hongkong. Vor dem Laden: »Ahh... 5 Packungen Tamiflu!«

Schützt die Wildvögel!

1500 Hongkong Dollar Strafe! Soviel muss man in Hongkong für das Füttern von Tauben oder anderen Wildvögeln berappen. Oder man erhält fünf Minuspunkte; bei 16 verliert man seine Sozialwohnung.

Ich selber habe neun Unzertrennliche (Zwergpapageien) in der Wohnung und einen Beo, der oft draußen im Garten krakeelt (allerdings im Käfig). Gottseidank habe ich eine Dienstwohnung und entwickle mit einer Berliner Firma einen Virus-Schnelltest.

Bisher wurde man in Hongkong als Vogelfreund kaum beachtet oder eher belächelt. Nun wollen alle von uns wissen: Sind Spatz und verwilderte Taube gefährlich?

Ein Erbe der traditionell vogelinteressierten Briten ist die »Hong Kong Bird Hotline«. Dort erfahre ich von der Ankunft dreier Schwarzgesicht-Löffler in den Mai-Po-Sümpfen. Dort angekommen, finde ich schon hunderte Vogelfreunde, die ihre Teleobjektive auf die Stars der Vogelwelt ausrichten. Im April/Mai und im September/Oktober landen im Nordwesten der Stadt in den Mai-Po-Sümpfen Millionen Zugvögel. Das Feuchtgebiet ist auf ihrem anstrengenden, etwa 13 000 Kilometer langen Flug ein wichtiger Zwischenstopp. Aber in den Sümpfen werden auch Garnelen für die Restaurants Hongkongs kultiviert. Droht daraus etwa Grippe-Gefahr?

Da ich nur Laien-Ornithologe bin, befragte ich Dr. Wolfgang Fiedler, den Chef der Vogelwarte Radolfzell. Wassergeflügel ist tatsächlich ein Reservoir für alle Influenzaviren. Die ursprünglichen Vogelgrippeviren beeinträchtigen infizierte Vögeln normalerweise kaum. Nach dem Transfer eines derartigen Virus auf Hausgeflügel kann es sich jedoch in ein hoch pathogenes (krankmachendes) Vogelgrippevirus (HPAI-Virus) umwandeln.

Der aktuelle Ausbruch der Geflügelgrippe geht auf den HPAI-Virus H5N1 zurück, der vermutlich Ende der 1990er Jahre in Hausenten in Südchina entstanden ist. Alle Menschen mit H5N1-Erkrankungen hatten bisher sehr engen Kontakt zu infizierten Hühnern, Enten oder Schweinen – im Stall oder auf dem Teller. Die Möglichkeit einer Übertragung von Mensch zu Mensch wird kontrovers diskutiert.

Sind aber tatsächlich die Zugvögel für den Langstreckentransport der HPAI-Viren verantwortlich? Die räumlichen und zeitlichen Muster der HPAI-Ausbrüche lassen sich bisher nur wenig überzeugend mit dem Vogelzug in Einklang bringen. Die Ornithologen zweifeln ohnehin, ob ein mit dem Virus H5N1 infizierter Vogel überhaupt physisch zu langen Flügen in der Lage ist. Bislang konnte in keinem einzigen Fall ein HPAI-Virus H5N1 aus einem klinisch gesunden Wildvogel isoliert werden! Die gemeldeten Krankheitsfälle bei Wildvögeln gehen meist auf Infektionen durch krankes Hausgeflügel zurück.

Zwei von drei Einschleppungsfällen in die EU waren Transporte durch Menschenhand: eingeschmuggelte Haubenadler sowie ein Papagei, der zuvor mit Vögeln aus Fernost in derselben (!) Quarantänestation saß.

Fazit: Eigentlich muss man die Wildvögel vor dem Hausgeflügel schützen!

Ich erinnere mich lebhaft an meine Jugend, als im Fernsehen Alfred Hitchcocks Film »Die Vögel« lief. Am nächsten Morgen ernteten prompt alle Spatzen, Meisen und Krähen meines kleinen Dorfs bei Merseburg misstrauische Blicke. »Und so was Gemeines füttert man nun jeden Tag«, sprach unser Nachbar und outete sich damit als Westfernseh-Gucker...

Depressiv durch Antidepressiva?

»Depressiv? Ganz einfach, Sie haben ein Ungleichgewicht des Botenstoffs Serotonin!« Das trompetet mit einem Millionenaufwand die US-Pharmaindustrie. Die teuren Serotonin-Wiederaufnahmehemmer (SSRIs) dürfen in den USA direkt beim Kunden angepriesen werden. Allein eines der Medikamente erreichte dort 2004 einen Umsatz von drei Milliarden US-Dollar.

Wie erklärt man dem Konsumenten die Wirkung? Serotonin wird von Nervenzelle zu Nervenzelle als Botenstoff (Neurotransmitter) geschickt. Der Neurotransmitter überspringt den Spalt zwischen den einzelnen Zellen. Die Empfänger-Zelle nimmt einen Teil des Serotonins auf und schickt einen kleinen Teil des Boten zur Sender-Zelle zurück – so, wie sich zwei Leute unterhalten. Bei Depressionen bekommt allerdings die erste Nervenzelle zu viel Serotonin zurück. Die nachfolgende dritte Zelle erhält dadurch zu wenig Botenstoff. Eine Person bestreitet also das Gespräch, und die Dritte kommt nicht zu Wort. Ein Ungleichgewicht entsteht: Depression! Man kennt das aus jeder Talkshow. Der Dauerplauderer muss gebremst werden. Die Serotonin-Wiederaufnahmehemmer tun genau das. Sie sind sozusagen die Moderatoren einer Talkshow... Das leuchtet sofort ein!

Und genau das ist der Pferdefuß. Jonathan Leo (Lake Erie College of Osteopathic Medicine in Bradenton, Florida) und Jeffrey Lacasse (Florida State College of Social Work) kritisieren im frei zugänglichen Internet-

Fachjournal PLoS Medicine (www.plosmedicine.org) scharf die irreführende Werbung für SSRIs.

Manchen mögen diese Medikamente ja geholfen haben, allerdings gebe es auch nachteilige Effekte, berichtet nun auch das Wissenschaftsjournal »Nature«. Und eine Studie von Forschern der Columbia University im Konkurrenz-Journal »Science« zeigt bei Tieren, die in ihrer Jugend mit SSRI-Antidepressiva behandelt wurden, ähnliche Symptome, wie sie auch bei Tieren mit genbedingt gestörtem Serotonin-Transport auftreten.

Leo und Lacasse kritisieren nun, dass der Wirkungsmechanismus dieser Medikamente weitgehend unklar sei. Ein Serotonin-Mangel konnte niemals eindeutig als Ursache für Depressionen nachgewiesen werden. So einfach ist es wohl nicht mit dem Gehirn! Die Wiener Psychiaterin Bettina Reiter sagt: »Es steht außer Zweifel, dass die Neurotransmitter eine Rolle bei der Steuerung von Gefühlen spielen. Allerdings sind diese Zusammenhänge wesentlich komplexer.«

Die benutzte Logik wäre ja auch zu einfach. Zwar beseitigt z.B. Aspirin im Allgemeinen Kopfschmerzen – diese sind aber wohl kaum als Aspirin-Mangel zu erklären. Es gibt Studien, die zeigen, dass körperliche Übungen, ja sogar Placebos (Scheinmedikamente) ebenso gute oder bessere Ergebnisse erzielen.

Bettina Reiter weist auch auf Folgendes hin: Man beschäftigt sich nicht mit den tatsächlichen Ursachen für die Depression, sondern nimmt ein Medikament ein, das die Stimmung rosig verändert. Schon im Buch »Schöne neue Welt« lieferte Aldous Huxley die beklemmende Vision: SOMA, das perfekte Antidepressivum, für jedermann frei erhältlich.

Hier in Hongkong habe ich mein eigenes Hausmittel gegen deutsche Depression: die Fernbedienung! Ich schalte das Programm der »Deutschen Welle« aus, sobald über die große Koalition berichtet wird. Ich kann das schwarz-rosa Live-Experiment mit Serotonin-Wiederaufnahmehemmern einfach nicht mehr mit ansehen...

Muschelextrakt contra Vioxx

Vom Tennisarm über altersbedingten Verschleiß bis zu entzündlichen rheumatischen Beschwerden – viele sind von Gelenkproblemen betroffen; in Deutschland jeder zweite. Und so kamen sie 1999 auf den Markt, die Cyclooxygenase-Hemmer (COX-Inhibitoren). Durch deren »Blockade« wird kein Schmerzsignal als Entzündungsreaktion erzeugt. Die Linderung für Arthritis-Patienten war effektiv, aber teuer – ein Bombengeschäft. Schon im ersten Jahr nach der Einführung wurden die Wundermittel Celecoxib (Celebrex) und Rofecoxib (Vioxx) 100 Millionen mal verschrieben. Celebrex errang mit 3,3 Milliarden Dollar Umsatz Bestsellerplatz 6 auf dem Pharma-Markt.

Laut Theorie wirken die neuen Mittel nur auf die COX-Enzyme, aber nun ist die Bombe geplatzt: Vioxx steht unter Verdacht, seit seiner Einführung allein in den USA für bis zu 140 000 teilweise tödliche Herzinfarkte verantwortlich zu sein. Die britische Medizinzeitschrift »Lancet« veröffentlichte im Internet eine entsprechende Studie des Experten David Graham – gegen den Willen seines Arbeitgebers, der US-Arzneimittelbehörde FDA. Danach haben Vioxx-Patienten gegenüber Leidensgenossen, die andere Medikamente benutzen, ein um ein Drittel höheres Risiko zur Entwicklung schwerer Herzkrankheiten. Vioxx-Hersteller Merck musste das Medikament vom Markt nehmen. Und auch Celebrex vom weltweiten Branchenprimus Pfizer steht unter Verdacht auf Erhöhung der Herzrisiken.

10. Dezember 2005

Professor Georges Halpern hat das alles vorausgesagt. Der kalifornische Forscher mit französischem Ursprung lehrt jetzt an der Polytechnic University of Hong Kong. Er nennt die Pharmafirmen ganz offen gierig und skrupellos kriminell. Studien wurden gefälscht, riesige Summen für Werbung anstelle von Risikoforschung ausgegeben. Er hofft auf Millionen-Klagen gegen Big Pharma nach dem Vorbild der Tabakopfer.

Dabei gibt es preiswerte Alternativen! Halpern nennt Bewegung, vor allem Schwimmen. Und die Schmerzmittel-Klassiker mit ihren lange bekannten Nebenwirkungen werden »dummerweise« auch in China und Indien preiswert hergestellt – kein Extraprofit in Sicht.

Hilfe verspricht auch die Natur mit der Grünlippmuschel, lateinisch *Perna canaliculus*. Untersuchungen der Lebensbedingungen der Ureinwohner Neuseelands zeigten ein Fehlen von Rheuma-Erkrankungen bei allen Küstenbewohnern. Diese Maori erfreuten sich bis ins hohe Alter einer bemerkenswerten Gelenkigkeit – im Gegensatz zu ihren Verwandten im Landesinnern. Man führt es auf ihren reichlichen Muschelverzehr zurück.

Inzwischen wurden die Zusammenhänge auch wissenschaftlich untermauert. Die Grünlippmuschel enthält Glucosamin-Glycane und Aminozucker, Hauptbestandteile der wichtigen »Gelenkschmiere«. Außerdem Kieselsäure (stärkt Knochen und Bindegewebe) und mehrfach ungesättigte Omega-3- und -6-Fettsäuren (hemmen Entzündungen).

Die Grünlippmuschel wird heute in Farmen vor den Küsten Neuseelands kultiviert. Sie braucht zur Reife zwei Jahre und ernährt sich von Plankton. Das Plankton ist dem UV-Licht, das auch Auslöser für Entzündungen ist, ausgesetzt und hat Schutzmechanismen entwickelt – die offenbar an die Muscheln weitergegeben werden. Aus den Muscheln wird dann Lyprinol, ein Öl, gewonnen. Lyprinol verspricht insbesondere eine günstige Beeinflussung rheumatischer Gelenkbeschwerden mit stark entzündlichem Geschehen.

Georges Halpern nennt sein neues Buch »The Inflammation Revolution«. Wohin man sieht, überall ist Inflammation! Heißt das nicht »Inflation«? Das wohl auch! Aber hier geht's um das medizinische Schlagwort für »Entzündung«.

Glimmende Klonbäume

Die Suche nach dem »perfekten« Weihnachtsbaum verursachte zu DDR-Zeiten regelmäßig Kopfschmerzen. Oft kam man mit einer »Krücke« nach Hause. Heute ist das, mit entsprechendem Geld, kein Problem mehr...

Die Geschichte des Weihnachtsbaums hat keinen eindeutigen Anfang. Immergrüne Pflanzen symbolisieren Lebenskraft, und so glaubte man, Gesundheit ins Haus zu holen, wenn das Zuhause mit Grünem geschmückt wurde. Bereits die Römer bekränzten zum Jahreswechsel ihre Häuser mit Lorbeerzweigen. Auch in nördlichen Gegenden wurden im Winter schon früh Tannenzweige ins Haus gehängt, um böse Geister fernzuhalten. Die erste Erwähnung eines »Christbaums« stammt aus dem Jahr 1419. Die Freiburger Bäckerschaft hatte einen Baum mit allerlei Naschwerk behängt, den die Kinder nach Neujahr plündern durften.

Etwa 40 Millionen Weihnachtsbäume werden jährlich in den USA und Kanada »geerntet«. Dafür gibt es regelrechte Farmen. Die Baumfarmer versuchen, mit Schnittmaßnahmen die ideale Form zu erreichen: gerader Stamm, konische Form, Zweige im Winkel von 45 Grad mit dicken, fest sitzenden Nadeln. Aber nur einer unter 10 000 Bäumen ist perfekt.

Ist das nicht ein Fall für Biotech? Also, her mit den Klonen! Tatsächlich arbeiten Forscher der Michigan State University an der Douglas-Tanne und der Schottischen Kiefer. Die neuen Bäume sollen schneller wachsen, resistent gegen Pilze und Insekten sein, die

Verwertungsrate von 60 bis 70 auf 95 Prozent steigern und die Pestizid-Anwendung senken.

Beim Weihnachtsbaum-Exportweltmeister Dänemark wird ebenfalls seit 1999 experimentiert. Rund 10 Millionen ausgeführte Bäume pro Jahr (fast ausschließlich Nordmann-Tannen) – da sind Ausschussquoten wegen Fehlwuchs von nahezu 50 Prozent ein deutlicher Kostenfaktor.

Im Botanischen Labor in Kopenhagen teilen die Forscher winzige Triebe in zwei Teile und frieren einen von ihnen bei minus 196 Grad ein. Der andere Teil wird in einen Nährboden eingesetzt und zunächst in einem sterilen Brutkasten aufgezogen. Nach etwa vier Monaten kommen die dann rund 2,5 Zentimeter großen Triebe in Gewächshäuser auf der Insel Fünen. »Wir werden in fünf bis sechs Jahren sehen können, wie diese Bäume sich entwickeln, und wir können diejenigen herauspicken, die die besten genetischen Qualitäten haben«, sagt Dr. Jens Find. Ist der perfekte Baum gefunden, werde der eingefrorene Trieb benutzt, um je nach Bedarf »Tausende oder Millionen« Kopien herzustellen. Ob es uns allerdings gefällt, wenn überall der gleiche Baum steht?

Kann man noch eins draufsetzen? Klar: Der Baum könnte auch ohne Kerzen glimmen! Mit dem Gen für das Glühwürmchen-Enzym Luciferase brachte man schon vor 20 Jahren Tabakzellen zum Leuchten, sobald das Substrat Luciferin zugesetzt wurde. Warum also nicht auch Tannen? Dumm nur, dass man dafür den Weihnachtsbaum mit Luciferinwasser gießen müsste. Das Grüne Fluoreszierende Protein (GFP) aus der Aequoria-Qualle dagegen leuchtet von allein, allerdings nur bei Ultraviolettbestrahlung.

Wenn man nun Luciferase und GFP kombiniert und auf UV-Licht verzichtet? Dann braucht man doch spezielles Gießwasser, sagen die Forscher. Man will ja schließlich die Baumbeleuchtung auch ein- und ausschalten können, oder?

Die Zukunft zeigt dann den verzweifelten Papa kurz vor der Bescherung: »Wo ist das Luciferin? Bei Müllers glimmt der Baum schon!«

Frohes Fest!

Ecstasy – historisch

Was heute aus Drogenlabors auf die Menschheit losgelassen wird, geht nicht selten auf den Forschereifer von Untertanen des deutschen Kaisers Wilhelm II. zurück.

Amphetamin beispielsweise, ein chemischer Abkömmling des Benzols, wurde erstmals 1887 in Berlin synthetisiert. Ursprünglich als Mittel zum Abschwellen der Nasenschleimhäute verkauft, erkannte man bald seine stimulierende Wirkung. Und so hielten sich im 2. Weltkrieg Bomberpiloten damit wach und Soldaten betäubten die so genannte Kriegsneurose. Nach dem Krieg wurde das Mittel lange frei verkauft, besonders in Japan. Mitte der 1950er Jahre schluckten schon zwei Millionen Menschen Amphetamine als »Muntermacher«.

Auch ein Ableger des Amphetamins, Methylen-Dioxymethamphetamin (MDMA) – heute bekannt als Ecstasy –, wird auf 1891/92 datiert. Die Darmstädter Pharma-Firma E. Merck führte bereits im 19. Jahrhundert in Produktion und Vermarktung von Morphium (ab 1827) und Kokain (ab 1884); das dazugehörige Suchtpotenzial erkannte man erst später. MDMA war ein Beiprodukt ohne medizinischen Verwendungszweck, dennoch wurde das Herstellungsverfahren 1912 patentiert. In den frühen 50er Jahren zeigten die US-Army und die CIA verstärktes Interesse an MDMA – unter anderem als »Wahrheitsdroge« (Codename EA-1475). Obwohl Probanden unter Ecstasy-Einfluss eine erstaunliche Auskunftsfreudigkeit über die eigene

Person an den Tag legten, wurde der Stoff »offiziell« dennoch wieder zu den Akten gelegt. Sagt die CIA.

Den Durchbruch brachte dann der amerikanische Chemiker Alexander Shulgin (geb. 1925). Nach ersten Erfahrungen mit Mescalin (einer aus dem Peyote-Kaktus gewonnen Droge) entwickelte er sich zum Drogenerfinder. Shulgin fand 1976 einen neuen Syntheseprozess für MDMA.

Ecstasy, so sein heutiger Name, verstärkt die Ausschüttung von Dopamin (vermittelt Wohlgefühl) und Noradrenalin. Beide putschen auf und wirken dem

schlaffördernden Serotonin entgegen: Man fühlt sich hellwach und hat leichte, angenehme Halluzinationen.

Mittlerweile hat Shulgin Hunderte von psychoaktiven Chemikalien synthetisiert und selbst getestet. Lange Zeit besaß er eine staatliche Lizenz für das Arbeiten mit illegalen Substanzen. Leo Zeff, ein Psychiater aus Oakland, wiederum schuf in jahrelanger Kleinarbeit ein riesiges Netzwerk und machte damit für Ecstasy den Weg in die Partywelt frei. Anfang der 90er Jahre fand die Droge über England mit den Ravern den Weg zurück zu den Stätten ihrer kaiserlichen Geburt.

Heiß umstritten ist der Gesundheitsschaden: An Ratten wurden schon nach einmaliger MDMA-Einnahme Langzeitschäden in Hirnzellen festgestellt. Todesopfer forderte MDMA, weil es die Körpertemperatur erhöht. In der Hitze einer Party kann so durchaus eine kritische tödliche Übertemperatur erreicht werden. Seit 1985 steht Ecstasy deshalb auf der Liste der verbotenen Stoffe.

MDMA, der nutzlose Spross der kaiserlichen deutschen Pharmazie, hat es mit viel Schminke doch noch geschafft: als Spaßdroge, die oft keinen Spaß versteht.

Persönlich fände ich die Anwendung vom MDMA als »Wahrheitsdroge« am interessantesten. Ein privater Fernsehsender könnte Spitzenpolitiker zur Talkshow einladen (Vorbild Elefantenrunde bei der Wahl) und MDMA-Cocktails anbieten... Titel: »Sag die Wahrheit durch Ecstasy!«

Oh, ich sollte mir diese Idee schleunigst schützen lassen!

Snuppy, made in Korea

Snuppy ist offenbar echt. Das mit der Prüfung betraute Institut Humanpass Inc. sieht die Identität des koreanischen Klon-Hunds als erwiesen an. Kim Min-kyu von der Tiermedizinischen Klinik der Seouler Nationaluniversität (SNU), der mit Hwang Woo-Suk Snuppy schuf, sagt: »Der Hund wurde so wie beschrieben geklont. Aus Eizellen sind die Zellkerne entfernt und durch Kerne aus Körperzellen des zu klonenden Afghanen-Hundes ersetzt worden.« Die DNA-Analyse und eine Analyse der Mitochondrien, die den Erfolg beweisen, seien vorhanden. Dies habe sein Team dem britischen Fachjournal »Nature« mitgeteilt.

Hwangs Forscherteam hatte den Erfolg am 4. August 2005 in »Nature« veröffentlicht. Die Authentizität des geklonten afghanischen Windhundes ist in der Fachwelt allerdings bezweifelt worden, nachdem sich die Erfolge der Koreaner beim Klonen menschlicher embryonaler Stammzellen inzwischen zum größten Teil als Fälschungen entpuppt haben.

Ich selber habe Meister Hwang als rastlosen Forscher erlebt. Meine koreanischen Kollegen an der Uni in Hongkong verdammen ihn nicht pauschal, sondern sprechen von einer Tragödie griechischen Ausmaßes. Der Bauernsohn Hwang, der trotz seiner bescheidenen Herkunft weltberühmt wurde und der geteilten koreanischen Nation Selbstbewusstsein gab.

Die Fälschungen bei den Stammzellen waren so plump, dass Hwang von einem Komplott sprach: Zellen

21. Januar 2006

seien bewusst vertauscht worden. Könnte es sein, dass die Mitarbeiter ihrem Chef zuliebe die Ergebnisse »verschönerten«? Wurde ihm etwas untergeschoben?

Fakt ist wohl, dass einige Zellkulturen Anfang 2005 von einer Infektion dahingerafft worden waren. Da kamen die Laborarbeiter unter Erfolgsdruck.

Hwang beteuert, dass seine Arbeitsgruppe über die beschriebenen Klon-Technologien verfügt. SNU-Quellen zufolge hat man fünf menschliche embryonale Stammzellkulturen in Hwangs Labor sichergestellt, die tatsächlich geklont sind, aber in einem sehr frühen Stadium und erst nach der »Science«-Veröffentlichung vom Mai 2005 erzeugt worden waren.

»Nature wird die Untersuchung der Veröffentlichung zu Snuppy detailliert zu Ende führen«, sagte Katherine Mansell, die Sprecherin der Zeitschrift. Neue Befunde werden auch in den Redaktionen von »Science« mit Nervosität erwartet. Die beiden angesehensten Wissenschaftspublikationen der Welt stehen unter massivem Beschuss. Die Redakteure von »Science« in Washington müssen sich fragen lassen, ob sich das Blatt durch eine übereifrige Veröffentlichungspolitik eine offenbar ziemlich plump gefälschte Arbeit unterjubeln ließ. Und »Nature« hatte, sollte Snuppy wirklich echt sein, einfach Glück gehabt, denn auch dieses Papier wurde veröffentlicht, obwohl Daten fehlten.

Die mit der Untersuchung beauftragte Kommission der SNU hat Tests bei einem zweiten Institut in Auftrag gegeben, deren Ergebnisse allerdings noch nicht vorliegen. Das Institut Humanpass Inc. war nämlich noch vom Meister Hwang selber beauftragt worden.

Und wo nimmt der Meister seine Chuzpe her? Meine Koreaner scherzen: »Hwang sitzt daheim und sein Klon entschuldigt sich im TV...«

Molekulare Waschfrauen

Haben Sie schon einmal Enzymen direkt bei der Arbeit zugeschaut? Nein? Dabei hat jeder schon beobachtet, wie schnell sich Wunden (durch Gerinnungsenzyme) verschließen oder die Schnittflächen von Äpfeln, Kartoffeln und Bananen (durch Phenoloxidasen) braun färben.

Wir alle nutzen aber auch industriell erzeugte Enzyme beim Wäschewaschen. Wer Babies aufgezogen hat, weiß aus der schönen, anstrengenden Zeit, dass die Beseitigung eiweißhaltiger Flecke (z.B. Milch, Eigelb, Blut oder Kakao) schwierig ist. Eiweiß ist mit Wasser sehr schwer zu lösen, bei hohen Temperaturen gerinnt es und sitzt noch fester im Gewebe.

Wäscheschmutz setzt sich aus Staub, Ruß und organischen Stoffen zusammen. Besonders an Bett- und Leibwäsche haftet Schmutz durch Fette und Eiweiße, die der Mensch ausscheidet. Sie wirken für den Schmutz wie ein Klebstoff. Beim Waschprozess werden die Fettverschmutzungen durch oberflächenaktive Stoffe (Detergenzien) vom Textilgewebe abgelöst.

Der Darmstädter Industrielle Otto Röhm (1876–1939) hatte bereits Anfang des 20. Jahrhunderts den Einfall, solche Textilien durch Waschen mit verdünnten Extrakten der Bauchspeicheldrüse (Pankreas) zu reinigen. Mit seiner Firma produzierte er 1914 das Einweichmittel »Burnus«, das Pankreasproteasen von Schweinen enthielt. Die Idee war gut, aber wenig erfolgreich, weil die Pankreas-Enzyme relativ teuer und in der sodahaltigen alkalischen Waschflotte nicht stabil genug waren.

Das änderte sich erst, als 1959 das Enzym Subtilisin, eine auch in der Waschlauge wirksame Protease, aus Bakterien der Art *Bacillus licheniformis* isoliert wurde. Die alkalischen Proteasen, von denen heute etwa 200 bis 500 mg pro kg Waschpulver zugesetzt werden, sind in der Waschlauge optimal wirksam. Sie sind »Allesfresser«, bauen jeglichen »Eiweißklebstoff« ab. Die Eiweißverschmutzungen werden aus dem Gewebe gelöst; es wird tatsächlich »porentief rein«.

Enzymwaschmittel begannen ihren Siegeszug Mitte der 60er Jahre in den USA und Westeuropa, gerieten jedoch um 1970 in das Feuer der Kritik. Der enzymhaltige Staub erzeugte bei Arbeitern in den Fabriken Allergien. Das Problem wurde durch die Granulierung der Waschmittel beseitigt. Im Handel findet man jetzt die rieselfähigen, mit Wachs überzogenen Granulate, kompakte Tabletten (Tabs) oder Flüssigwaschmittel.

Inzwischen werden neben Proteasen oft auch Amylasen zugesetzt, um Stärkereste abzubauen, ebenso Lipasen zum Fettabbau. Eine weitere Eigenschaft der Biowaschmittel wird zunehmend bedeutsamer: Da die beteiligten Enzyme bereits bei 50 bis 60°C optimal arbeiten, ist Kochen überflüssig. So spart man Energie.

Gerade feierten wir das Chinesische Neujahr, ein guter Grund für ein gemeinsames opulentes Mahl mit Freunden. Ungeschickt, wie wir Langnasen mit Essstäbchen sind, fiel mir eine Frühlingsrolle in die leckere Sauce und ... schwapp! ... mein neues weißes Hemd bekam einen riesigen braunen Fleck. Lustig für die Chinesen... Ein Trinkspruch auf die hervorragende chinesische Küche!

Das Hemd wurde später gerettet: Eine halbe Stunde in lauwarmem Wasser mit Enzym-Fleckensalz eingeweicht und der hässliche Fleck war weg. Liebe Amylasen, Proteasen und Lipasen... ein Trinkspruch auf eure tollen Aktivitäten!

Mein Privat-Genom?

Angenommen, ich gehe in ein Labor, packe eine Blutprobe auf den Labortisch und frage nach meiner DNA-Sequenz. Was würde das kosten? Die etwa 3 400 000 000 Basenpaare (also die DNA-Bausteine A, T, C, G) sind auf 23 Chromosomenpaaren verteilt. Sie enthalten eine unglaubliche Informationsmenge. Man hat mal berechnet, dass sie äquivalent zu 200 superdicken New Yorker Telefonbüchern (jedes mit 1 000 Seiten) ist.

Der Amerikaner J. Craig Venter, der bei der Jagd auf das Humangenom der stattlichen staatlichen Forschung erfolgreich Konkurrenz gemacht hatte, lobte einen Preis aus: 10 Millionen US-Dollar Prämie für den Erfinder eines Verfahrens, das für 1 000 US-Dollar die komplette DNA-Sequenz eines Menschen ausspuckt.

Ist jemand akut dabei, die Milliönchen zu gewinnen? Die US-Zeitschrift »The Scientist« stellte jüngst einen Preisvergleich an. Das Standard-Analysesystem von Applied Biosystems kostet 365 000 US-Dollar und kann die Reihenfolge von 2,8 Millionen Basenpaaren pro Tag analysieren. Das klingt schnell, würde aber 2 100 Tage (fast sechs Jahre) brauchen, um mein komplettes Genom zu bestimmen. Für Harvard-Professor George Church viel zu lange: »In einigen Notfällen brauchen wir die DNA-Sequenz sofort! Ein Genom-Center würde dafür gegenwärtig die stolze Summe von 11 Millionen verlangen.

Und wenn man dagegen den neuen Sequenzer der Firma 454 Life Sciences nähme? Der »Genome

18. Februar 2006

Sequence 20« (Preis 500 000 Dollar) benutzt nicht mehr die traditionelle Methode von Doppel-Nobelpreisträger Frederick Sanger und kann so in vier Stunden 40 Millionen Basenpaare analysieren. Eine dramatische Verbesserung! In weniger als einem Monat hätte ich das Ergebnis. Es würde mich allerdings ca. 900 000 Dollar kosten.

Nun sagen aber die Fachleute, dass man das Genom nicht mit einem einzigen Sequenzierungslauf korrekt bestimmen kann. 8 bis 15 Läufe sollten es sein! Ich müsste also 7 bis 14 Millionen berappen und trotzdem ein Jahr warten ...

Solexa will in diesem Jahr immerhin eine Milliarde Basenpaare in einem Zwei-Tage-Lauf schaffen. 30 wiederholte Messungen sollen für 100 000 Dollar machbar sein. Helicos Biosciences setzt noch eins drauf: 125 Millionen Basenpaare pro Stunde, 7,5 Milliarden sollen es werden. Pro Tag das Genom von sechs Menschen mit zehnfacher Wiederholung!

Professor Church hat inzwischen sein »Personal Genome Project« gestartet. Er bittet »bestinformierte Personen« um das Einverständnis, ihr Genom sequenzieren und mit sämtlichen vorhandenen medizinischen Befunden frei im Internet zugänglich machen zu dürfen. 100 Freiwillige will er finden. Dann könnte man hochinteressante Vergleiche zwischen Genotyp und Phaenotyp (Erscheinungsbild) ziehen.

Als unverbesserlicher Fortschrittsbegeisterter war ich schon drauf und dran mitzumachen. Meine chinesischen Kollegen haben meinen Eifer aber schlau gedämpft: »Aha, du willst also deine Daten der Bush-

Administration anvertrauen, du als Hongkonger Staatsangestellter?« »Eigentlich eher nicht, aber ...« »Na gut, dann kann also deine Hongkonger Lebensversicherung im Internet nachgucken, wann dich der Herzinfarkt trifft, und sofort deine Versicherungsprämie hochsetzen?« »Ayahhh. Ihr habt natürlich völlig Recht. Danke!«
Prof. Church hat bisher ganze drei Zusagen erhalten, alle »vorbehaltlich«.

Goethe und das Koffein

»Ei! wie schmeckt der Coffee süße, lieblicher als tausend Küsse ...« Über zwei Jahrzehnte lang besuchte Johann Sebastian Bach (1685–1750) zwei Mal in der Woche das Zimmermannsche Kaffeehaus in der Leipziger Katharinenstraße. Seine Kaffeekantate auf den Text von Christian Friedrich Henrici (Picander) zeugt von der nachhaltigen Wirkung.

Aber erst 90 Jahre später wurde der labende Stoff chemisch isoliert. Über 60 Pflanzen erzeugen Koffein, offenbar als Schutz vor Insekten. Kein geringerer als Johann Wolfgang von Goethe (1749–1832) soll zur Entdeckung des populärsten Naturstoffes beigetragen haben.

Der junge Chemiestudent Runge war von Göttingen an die Jenaer Universität gekommen. Dort traf er auf Goethes rechte Hand, den »Scheidekünstler« Johann Wolfgang Döbereiner (1780–1849), bei dem er analytische Chemie hörte. Friedlieb Ferdinand Runge, 1794 bei Hamburg geboren, lernte Apotheker und studierte ab 1816 Medizin in Berlin, Jena und Göttingen. Als er in Jena mit Döbereiner zusammentraf, besaß Runge bereits Erfahrung in der chemischen Untersuchung von Gift- und Heilpflanzen. Döbereiner war von Runges Versuchen an Katzenaugen so beeindruckt, dass er sprach: »Sie sind von der höchsten Wichtigkeit, und noch heute Abend werde ich Goethen davon erzählen.« Und der Geheime Rat »ließ sich herab, einen unbedeutenden Studenten, mit seiner Katze unterm Arm, Audienz zu geben«, schrieb Runge später.

Goethe interessierte sich für die Physiologie des Auges aus der Sicht seiner Farbenlehre. Deshalb konnte der junge Wissenschaftler 1819 eines Morgens bei ihm präsentieren, wie ein Tropfen Atropin, das Gift der Tollkirsche, zu kurzzeitigen Pupillenerweiterungen führt. Als »Belladonna« war es bei den Damen beliebt – sie tauschten damit klare Sicht gegen Glutaugen.

Goethe entließ Runge am Ende huldvoll mit einer Schachtel Kaffeebohnen und der Bemerkung: »Auch diese können sie zu Ihren Untersuchungen gebrauchen.« Goethe nahm an, dass Kaffee ein Gegengift zu Atropin enthält – worin er sich jedoch irrte. Ein Jahr später entdeckte Runge die »Kaffeebase«, wie er damals die stimulierende Substanz bezeichnete.

Koffein wurde noch drei Mal neu entdeckt: ebenfalls 1820 und im Kaffee durch F. von Giese, 1826 durch Thomas Martius in der Guaraná-Frucht als »Guaranin« und 1827 durch Jean Baptiste Oudry als »Thein«. Jobst berichtete dann 1838, dass Koffein mit Thein identisch ist, was aber bis heute nicht allgemein bekannt ist.

Runges Wirken hat noch weitere wichtige Erkenntnisse hervorgebracht. Ab 1832 forschte er in seiner Chemiefabrik im Schloss Oranienburg. Er isolierte als erster Chinin, entdeckte im Steinkohlenteer die Karbolsäure sowie das Anilin und wurde so zum Pionier auf den Gebieten der Naturstoffchemie und der synthetischen Farbstoffe. Und auch für die Papierchromatographie, Grundlage vieler Entdeckungen des 20. Jahrhunderts, ist er einer der Väter: Runge tropfte verschiedenfarbige Lösungen auf Löschpapier und fand typische Strukturen – die »Runge-Muster-Bilder«

(veröffentlicht 1850 und 1855 in zwei Bildbänden). In seiner Heimatstadt Oranienburg galt Runge als Spinner und Sonderling. Nur im Ausland würdigte man ihn. Das alte Lied ...

Nach dieser Kaffee-Reise: Etwas Appetit auf die meistbenutzte Droge 1,3,7-Trimethyl-xanthin bekommen? »Heeß und sieße!«

Die Katzen und die Vogelgrippe

Stolz kam Kater Perry mit seinem Fang zurück in sein Hongkonger Heim. Doch schon am nächsten Tag prangte sein Foto in der Zeitung: Das panische Herrchen hatte Perry umgehend im Tierheim abgeliefert, weil die Beute ein Vogel war. Warnungen vor der Vogelgrippe sind in China überall zu sehen. Neben meinem Laptop schlafen Kater Ho Choi (Glück) und Kätzin Fortuna. Werde ich bald ihr Opfer?

Aus lauter Angst war neulich bereits ein Hallenbad geräumt worden, nachdem sich ein armer Piepmatz dorthin verflogen hatte. Die »South China Morning Post« berichtete, die 300 Badegäste hätten das Becken umgehend verlassen müssen, weil der verirrte Vogel Kontakt mit dem Wasser gehabt habe. Anschließend sei das Hallenbad zwei Stunden lang geschlossen worden, um es zu reinigen. Der Vogel wurde auf den Erreger H5N1 untersucht: Fehlanzeige. Sind Chinesen Panikmacher? Aus Deutschland meldet die gleiche Zeitung, man überlege gar, Storchen- und Schwalbennester abzureißen ...

Nach Fällen in Österreich, Deutschland, Thailand und Indonesien wird intensiv untersucht, ob Katzen das Virus auf uns übertragen können. 8 von 111 scheinbar gesunden Katzen in Zentral-Thailand hatten Antikörper gegen H5N1 im Blut, waren also infiziert. Auch Tiger, die Hühnerkadaver gefressen hatten, bekamen Virussymptome. Bislang wurde allerdings laut WHO kein einziger Fall des Übergangs von Katze auf Mensch nachgewiesen.

18. März 2006

Aber der Influenza-Experte Andrew Jeremijenko, so berichtet das Wissenschaftsjournal »Nature«, hat inzwischen auf Westjava (Indonesien) in der Nähe eines Vogelgrippe-Ausbruchs ein gesundes Kätzchen gefunden, das das H5N1 Virus enthält, allerdings genetisch verändert. Es ähnelte den H5N1-Stämmen aus Menschen, nicht denen aus Vögeln! Ist das Virus also vom Menschen zur Katze gewandert?

Während in Deutschland Minister, Veterinäre und Bauern noch eifrig nach verdächtigen Zugvögeln suchen, diskutieren Vogelkundler wie der Potsdamer Klemens Steiof und der Chef der Vogelwarte Radolfzell, Wolfgang Fiedler, längst plausiblere Ursachen.

Aus Platzgründen seien hier nur die wichtigsten Zweifel benannt: Die Lücke zwischen der Ankunft potenzieller Wildvogel-Virenträger und den ersten erkannten Ausbrüchen von 12 bis 15 Wochen ist sehr groß. Wo blieb das Virus in dieser Zeit, warum wird es nicht bemerkt? Und warum gibt es keine Ausbrüche in hochfrequentierten Ziel- und Durchzugsgebieten?

Erste Analysen zur genetischen Verwandtschaft verschiedener H5N1-Typen erhellen Ausbreitungswege in Südostasien. Diese machen eine Wildvogelverbreitung nicht sehr wahrscheinlich, zeigen eher deutliche Zusammenhänge mit offiziellen und illegalen Geflügelbewegungen.

In Japan, Südkorea und den anderen asiatischen Ländern sind in diesem Winter keine Ausbrüche in Wildvogelbeständen festgestellt worden – bei über einer Million allein in Südkorea überwinternder Wasservögeln wirklich bemerkenswert. Dabei ist China, seit rund zehn Jahren betroffen, nur 500 Kilometer entfernt!

Weltweit wurden bei mittlerweile über 100 000 untersuchten Kotproben von gesund erscheinenden Wildvögeln ganze sechs mit dem hochpathogenen Virus gefunden, im Januar und März 2005 in Ost-China. Und bei diesen Vögeln war es möglich, dass sie gerade durch Hausgeflügel in der Umgebung angesteckt worden waren. Allein diese verschwindend geringe Zahl zeigt, dass der hochpathogene H5N1-Erreger in Wildvogelpopulationen offenbar keine Rolle spielt

Nicht in erster Linie Wildvögel, sondern der Handel mit Abfällen und Produkten der weltweit agierenden Geflügelindustrie sind für die globale Wanderung des Virus verantwortlich. Wildvögel sind Opfer und nicht Täter!

Nach dem bisherigen Wissen sterben die Erreger im Freiland mit den Vögeln, für ein Überdauern ohne Wirt gibt es dort momentan keinerlei Anhaltspunkte. Warum werden die asiatischen Erfahrungen der letzten zehn Jahre so hartnäckig ignoriert?

Wolfgang Fiedler schrieb an Steiof: »Ich halte es für empfehlenswert, an diesen Punkten anzusetzen, dabei aber nicht grundsätzlich die Möglichkeit auszuschließen, dass auch (!) Wildvögel das Virus übertragen können – nur eben nicht nach den derzeit in Politik und Presse gerne dargestellten Primitivmustern.«

Und solange bleiben Ho Choi und Fortuna im Stubenarrest, allerdings nur meiner Universität und den Vögeln zuliebe …

Malaria, bei Fuß!

»Malaria!?« Mein australischer Kollege Richard Haynes wurde im Dschungel Malaysias von einer Mücke gestochen. Das Insekt saugte im 45-Grad-Winkel, also war es die berüchtigte *Anopheles*! Was das Insekt nicht wusste: Haynes ist wohl der weltweit beste Chemiker für neue Anti-Malaria-Medikamente. Der Krankheitserreger kam nicht zum Zuge.

Malaria ist eine der verbreitetsten Parasitenkrankheiten der Menschheit. In den Malariagebieten leben zwei Milliarden Menschen unter ständiger Bedrohung. Jährlich erkranken weltweit 200 bis 500 Millionen neu; ein bis zwei Millionen, vor allem Kinder, sterben daran. Reisende bringen die Malaria auch nach Europa mit, ca. 12 000 im Jahr. Erreger der tropischen Malaria ist der einzellige Parasit *Plasmodium falciparum*, die weiblichen Anopheles-Mücken übertragen ihn. Nachdem das Insektizid DDT kaum noch gesprüht werden darf, hat die Malaria-Gefahr wieder zugenommen.

Die erste Medizin kam aus einer Pflanze: der Chinarindenbaum (*Cinchona*) liefert das Alkaloid Chinin, das heute aber nur noch als Bitterstoff in Tonic-Wasser kommt. Danach folgte in den 30er Jahren das synthetische Chloroquin. Doch Resistenzen machten es inzwischen vielerorts untauglich. So erreichte 1994 den Hongkonger Organik-Professor Haynes die Bitte der Firma Bayer, ein neues Malariamittel zu synthetisieren.

In China zählt der Chinesische Beifuß (*Artemisia annua*) unter dem Namen Qing Hao zu den traditionellen Heilmitteln. Seit den 80er Jahren setzte man Extrakte daraus als Anti-Malaria-Mittel ein. Der Ausgangsstoff heißt Artemisinin. Die abgeleiteten Derivate Artemether, Artesunat und Artether wendete man im asiatischen Raum bei lebensbedrohenden sowie bei multiresistenten Malariafällen an. Ihr Schwachpunkt: Sie werden im Körper ziemlich schnell zersetzt und zeigen in Tierversuchen oft neurotoxische Eigenschaften.

So wurde also ein »ungiftiges« Derivat gesucht. »Warum sind diese Medikamente eigentlich neurotoxisch?« fragte sich Haynes. Er und seine Hongkonger Studenten synthetisierten mühevoll Hunderte von Artemisinin-Abkömmlingen. Nur ein Derivat zeigte überhaupt keine Giftigkeit, es wurde Artemisone getauft. Die vorklinischen Studien liefen beim Bayer Pharma-Team in der Bayer HealthCare AG in Deutschland, Australien, England und in den USA. Im Vergleich zum bisherigen Artesunat kommt Artemisone mit einem Drittel der Dosis aus und kuriert Patienten in nur zwei Tagen aus, sensationell! Wichtig war auch der Preis. Das neue Medikament muss bedeutend preiswerter als alte Wirkstoffe sein! Schließlich ist an den Ärmsten der Armen nicht viel Geld zu verdienen ...

Und so ist die Substanz, ergänzt durch ein Foto der Beifuß-Pflanze, die Titelstory der vorletzten März-Ausgabe des Journals »Angewandte Chemie«. Seitdem hört das Telefon bei meinem nun berühmten Büronachbarn Richard nicht mehr auf zu klingeln. Da Professor Haynes fließend mehrere Sprachen spricht, vernehme ich manchmal in australischem Deutsch: »Na wunderrrbarrr!« oder »Es klappt herrrvorrragend!« oder »Danke, aberrr wirrr haben noch viel zu tun!«...

Gerade höre ich ein Sirren... mal sehen, ob sich der Hongkonger Moskito in 45-Grad-Stellung auf meine tippende Hand setzt... Doch Hongkong ist, den Briten sei Dank!, malariafrei!

Blue-Jeans-Bakterien-Blues

»Die neuen Leiden des jungen W.« von Ulrich Plenzdorf – wer erinnert sich noch an diese DDR-Theater-Sensation? Auch Goethes Werther war für seine Zeit modern und »anders«: blauer Frack mit Messingknöpfen, gelbe Weste, der ungepuderte Schopf wirkten ähnlich provozierend wie die langen Haare beim DDR-Bürger Edgar Wibeau. Dieser liebte blaue Jeans. Beide jungen W.s waren Rebellen und vereint in der Liebe zum blauen Indigo ...

Die aus Indien stammenden Indigo-Pflanzen (indicum = aus Indien) *Indigo tinctoria* und *I. suifruticosa* lieferten einen tief dunkelblauen Farbstoff, der an Leinen und Wolle gut haftete. Anfangs waren in Europa die tiefblauen Gewänder den Königshäusern vorbehalten.

Richtig populär wurde Indigo aber erst durch Herrn Levi Strauss. Der 1829 geborene Franke wanderte nach Amerika aus und kam 1853 nach San Francisco, wo er robuste Hosen und Mäntel an die Goldgräber verkaufte. Der Legende nach waren die ersten »Levi's« noch aus braunen Zeltplanen. Bald stieg Strauss auf festes Baumwollgewebe aus der französischen Stadt Nîmes um. Und aus »de Nîmes« wurde der Begriff für Jeansstoff: Denim.

Die Färbung mit dem Indigo-Blau erfolgte nicht direkt: Das wasserunlösliche Indigo musste erst zu wasserlöslichem Indigoweiß fermentiert werden. Durch Einwirkung von Sonne und Luft wurden die darin getränkten Stoffe dann blau.

Zeitgleich begann die Farbindustrie Europas sich für das Indigo zu interessieren. 1856 entstand der erste synthetische Farbstoff, das malvenfarbige »Mauvein« – als Ergebnis eines Fehlschlags des 18-jährigen William Perkin, Chinin aus Steinkohleteer zu gewinnen. Nun gab es kein Halten mehr: In den Jahren 1880 bis 1883 gelang Adolf von Baeyer die Synthese des Indigos – ohne Kenntnis der Struktur. Von Baeyer bekam 1905 den Chemie-Nobelpreis. 1890 erwarb die Badische Anilin- und Sodafabrik (BASF) das Patent. Als die BASF 1897 dann Indigo haltbarer und unbegrenzt auf den Markt brachte, war der Triumphzug der Bluejeans nicht mehr zu stoppen.

Indigo kostet heute ca. 20 Dollar pro Kilo. Die chemische Synthese ist zwar sehr preiswert, bringt aber auch umweltschädliche Nebenprodukte. Nicht zuletzt deshalb entwickelt man derzeit Biosynthesen. So wird beim Verfahren der Genencor International (USA) mit Coli-Bakterien aus Zucker zuerst die strukturell schon ähnliche Aminosäure Tryptophan und daraus dann Indoxyl erzeugt. Indoxyl bildet bei Sauerstoffanwesenheit spontan Indigo. Bakterielles Indigo ist inzwischen nicht mehr vom pflanzlichen oder industriellen Farbstoff zu unterscheiden, allerdings noch teurer als das rein chemische.

Jeans sind mehr als eine Mode: Die US-Textilbranche hat James Dean und der 68er Jugendrebellion mit den Bluejeans ihr Überleben zu verdanken.

Was Edgar Wibeau dem Autor heute, nach 30 Jahren, zu sagen hat? »Edel ist wieder, wenn einer auf Rente ist und trägt dann Jeans, mit Bauch und Hosenträgern. Das ist wieder edel. Ich hab aber keinen gekannt, außer Zaremba. Zaremba war edel.« Stimmt alles! Bis auf die Rente ...

Akademische Hundejagd

Chinesen lieben Hunde. Echt! Vier große streunende Hunde begannen jedoch vor zwei Monaten, den Uni-Campus zu terrorisieren. Sie tauchten in jeder Nacht laut bellend auf und jagten alles Essbare. Meine zwei Katzen und der Hase saßen dann zitternd an meiner Schlafzimmertür. Vorige Woche warfen die Hunde den Käfig meines sprechenden Beos um, und der arme Vogel war perdu.

Als Besitzer eines Uni-Gartens wurde ich zum akademischen Hundefänger erkoren. Der prompt gelieferte riesige Eisenkäfig besitzt einen beweglichen Boden. Wird er belastet, löst sich eine Sperre und die offene Käfigtür kracht herab. Gefangen!

Für besorgte Leser: In Hongkong ist das Verspeisen von Hunden seit Zeiten tierliebender Briten strikt verboten, und der Tierschutzverein SPCA, in dem ich Mitglied bin, wacht darüber mit Argusaugen. Gefangene Hunde kommen ins Tierheim.

Als Professor für Analytische Biotechnologie ist mir natürlich sofort ein Forschungsprojekt eingefallen: »Entwicklung eines masse-sensitiven Bio-Sensors für lebende Hunde«.

Tatsächlich gibt es bereits masse-sensitive Sensoren, so genannte Piezoelektrische Sensoren. Das sind schwingende Quarzkristalle, deren Frequenz sich in Abhängigkeit der Masse verändert. Diese Piezo-Sensoren reagieren erstmal auf alles, was sich an ihre Oberfläche bindet. Ein Beispiel: Für den Nachweis von Antikörpern gegen ein Virus im Blut gibt man einen

13. Mai 2006

Tropfen Blut zum Sensor. Alle möglichen Substanzen werden gebunden, es gibt ein »falsch-positives Sensor-Signal«. – Wie bei der Falle als Hunde-Sensor. Kaum war sie offen, wurde sie von meinen beiden Katzen inspiziert, wenig später auch vom neugierigen Hasen. Einzeln wären sie zu leicht, um ein Signal auszulösen. Man nennt dies den »Blindwert« des Sensors. Gemeinsam allerdings ließen sie die Falle zuschnappen und erzeugten ein »falsch-positives Signal«.

Ich brauchte einen Bio-Rezeptor – eine Substanz, die spezifisch den Analyten (Hund!), und möglichst nur ihn, anlockt. Ein gebratenes Huhn in den Käfig gelegt. Am nächsten Morgen war es spurlos verschwunden. Die Hunde hatten es lautlos herausgeangelt.

Bei den Biosensoren muss der Rezeptor fest gebunden (immobilisiert) sein. Im obigen Beispiel wären das Hüllproteine des nachzuweisenden Virus, die chemisch am Sensor fixiert werden. Kommt jetzt Blut dazu, docken nur Antikörper gegen das Virus-Protein an – sie passen zusammen wie Schloss und Schlüssel. Die Masse des Sensors wächst, die Schwingung des Sensors wird gebremst: Der gesuchte Antikörper gegen das Virus ist detektiert.

Ich band also abends ein neues Huhn im Käfig fest. Nichts passiert. Wer den Schaden hat ... Warum kein Menü auf Chinesisch im Käfig hinge, wollte jemand spöttisch wissen. Mit Hilfe einer einheimischen Freundin schrieb ich also ein Menü: »Heute Hühnchen Thai-Art.« Am nächsten Morgen in der Frühe wildes Gekläffe: Ein Riesenköter saß im Käfig! Anruf bei der Uni-Wache, Abtransport.

Glückwunsch-Mails der Uni – ich war der Held! Und Sie jetzt auch, denn Sie verstehen nun einen Piezo-Biosensor. Hätten Sie's ohne Hunde auch begriffen? Meine armen Studenten müssen es – in drei vollen Stunden Vorlesung.

Bier gegen Entzündungen!

Die gute Nachricht nach den Herrenpartien zu Himmelfahrt und vor Pfingsten: Nicht nur grüner Tee und Rotwein, auch Bier soll gut sein für Herz und Kreislauf. Dietmar Fuchs vom Biozentrum der Medizinischen Universität Innsbruck hat mit seinem Team eine entzündungshemmende Wirkung von Bierextrakten nachgewiesen.

Der Österreicher ist der führende Fachmann für Neopterin. Diese Substanz alarmiert den Körper bei Entzündungen. Es wird dann von den Immunzellen vermehrt ins Blut abgegeben. Interessanterweise ist Neopterin bei akutem Virusbefall stark erhöht, bei Herzinfarktrisiko hingegen nur leicht.

In Österreich werden Blutspenden auf Neopterin untersucht. Etwa zwei Prozent der Spenden zieht man wegen erhöhten Neopterin-Werten aus dem Verkehr. Damit hat Österreich das wohl sicherste Spenderblut der Welt.

China wird wahrscheinlich, wie schon öfter in letzter Zeit, Good Old Germany beschämen und seine Blutspenden mit dem Neopterin-Schnelltest sicherer machen. Man kann nur spekulieren, warum das in Mehltauland nicht funktioniert. Zwei Prozent weniger Spender-Blut sind offenbar ein echtes Problem!

Wie wird nun die wohltätige Bier-Wirkung nachgewiesen? Ich hatte mich als Testperson angeboten, aber Fuchs bevorzugt objektive Probanden: periphere mononukleare Blutzellen. Diese werden außerhalb des menschlichen Körpers kultiviert.

27. Mai 2006

Wenn die Zellen künstlich zu einer Entzündung stimuliert werden, verhalten sie sich weitgehend wie im Körper: Sie sondern dann Neopterin ab, der Spiegel der Aminosäure Tryptophan sinkt dagegen.

Rotwein und grüner Tee wurden bereits vor einigen Jahren in Innsbruck untersucht. Sie beeinflussen koronare Herzerkrankungen günstig und sie verringerten die Neopterin-Bildung drastisch.

Nun das Bier: Ein vierprozentiger Bierextrakt senkte die Neopterin-Werte um 65 Prozent, der Tryptophan-Wert stieg dagegen an. Erklärt dieser Anstieg die beruhigende Wirkung von Bier? Tryptophan ist nämlich an der Synthese des »Glückshormons« Serotonin beteiligt!

Welche Substanzen im Bier sind nun verantwortlich? Wahrscheinlich Humulon und Isohumulon, Bitterstoffe des Hopfens. Fuchs untersucht im Moment die Details.

Bier sei jedenfalls der Liste von Getränken mit potentiell entzündungshemmenden Inhaltsstoffen hinzuzufügen, meint Prof. Fuchs. Es gelte natürlich wie beim Wein die negativen Auswirkungen des Alkoholkonsums abzuwägen.

Sauer macht lustig!

Das Geheimnis der sauren Fässer

Fast 200 Jahre vergingen nach Antoni van Leeuwenhoeks Entdeckung der Mikroben, ehe ihnen wieder gehörig Aufmerksamkeit geschenkt wurde. In der Mitte des 19. Jahrhunderts waren in Europa im Verlauf der industriellen Entwicklung große Fabriken entstanden. Auch Alkohol produzierte man jetzt in Großbetrieben.

In der französischen Stadt Lille sprach im Jahre 1856 ein gewisser Monsieur Bigo, Besitzer einer Alkoholfabrik, bei dem Professor für Chemie Louis Pasteur vor. Bigo berichtete von seltsamen Veränderungen in vielen seiner Fässer. Aus dem Zuckerrübensaft entstand darin nicht wie früher Alkohol, sondern eine saure, schleimige, graue Flüssigkeit.

Pasteur packte sein Mikroskop ein und begab sich zur Fabrik. Hier entnahm er sowohl den »kranken« als auch den »gesunden« Fässern Proben. Der »gesunde« Alkohol enthielt, wie die mikroskopische Untersuchung ergab, gelbe Kügelchen, Hefen. Diese ballten sich zu Trauben zusammen. Wie beim Keimen eines Samenkorns sprossen aus den Kügelchen Seitentriebe hervor.

Nun untersuchte Pasteur die graue, schleimige Masse. Es waren keine Hefen darin zu entdecken, dafür aber kleine, graue Punkte. Jeder Punkt enthielt ein Gewirr von Millionen zitternden Stäbchen. Der saure Stoff erwies sich in chemischen Analysen als Milchsäure, produziert von den Stäbchen.

Zur Probe träufelte Pasteur etwas stäbchenhaltige Flüssigkeit in eine klare Lösung von Hefe und Zucker.

Nach kurzer Zeit waren auch hier die Hefen verschwunden, und die Stäbchen beherrschten das Feld. Auch hier entstand Milchsäure anstelle von Alkohol.

Die entdeckten Stäbchen waren Bakterien. Ihr Name wurde vom griechischen Wort bakterion (Stäbchen) abgeleitet. Die Bakterien produzierten offensichtlich aus dem Zucker Milchsäure, während die Hefe-Gärung Alkohol und Kohlendioxid produzierte.

Pasteur war im französischen Département Jura 1822 geboren worden, und kehrte später auch regelmäßig zum Urlaub in die Gegend zurück. Kein Wunder, dass er bald nach der Entdeckung der Milchsäurebakterien in den Alkoholfässern von den Weinbauern in Arbois um Rat befragt wurde. Denn auch sie hatten Sorgen mit der Gärung. Immer wieder entstand selbst aus bestem Traubenmost eine ölige bittere Flüssigkeit.

Auch hier fand Pasteur statt der Hefepilze winzige Bakterien, die allerdings Perlschnüre bildeten. Er entdeckte bei seinen Untersuchungen noch andere Bakterienarten, die Wein verderben. Schließlich konnte Pasteur den verblüfften Winzern sogar ohne vorheriges Kosten vorhersagen, wie ein Wein schmecken würde! Dazu besah er lediglich unter dem Mikroskop eine Probe und bestimmte die Hefe- oder Bakterienart.

Pasteur erkannte, dass ein kurzes Erhitzen des Weines genügte, um die Bakterien abzutöten. Die gleiche Technik war auch geeignet, Milch vor dem Sauerwerden zu schützen. Diesen Vorgang, bei dem die überwiegende Anzahl der enthaltenen Mikroorganismen abgetötet wird, nennt man ihm zu Ehren heute Pasteurisieren.

Ein Milliliter roher »keimarmer« Milch enthält immerhin 250 000 bis 500 000 Mikroben! Trinkmilch wird deshalb heute meist kurzzeitig auf 71 bis 74° C erhitzt. Dabei werden 98 bis 99,5 Prozent der Mikroorganismen abgetötet. Die so genannte H-Milch, viele Wochen ohne Kühlung haltbar, wird durch Wasserdampf kurz auf 120°C erhitzt und in vorher pasteurisierte Behälter gefüllt.

Wenn die Mikroben ein Museum hätten – Pasteurs Porträt bekäme wohl den zentralen Platz ...

Rote Kristallografin

»Grandmother wins Nobel Prize!«, titelte im Oktober 1964 die englische »Daily Mail«. Die Oma, der diese Ehrung zuteil wurde, hieß Dorothy Hodgkin Crowfoot. Sie war die dritte Frau, die den Nobelpreis für Chemie erhielt – nach Marie Curie und Irène Joliot-Curie.

Dorothy wurde 1910 als älteste von vier Töchtern des britischen Archäologen und Kolonialbeamten John Winter Crowfoot in Kairo geboren. Kurz vor dem Ersten Weltkrieg kamen die Mädchen nach England. Hier wuchsen sie unter der Obhut der Großmutter und eines naturbegeisterten Kindermädchens heran. Dorothy durfte auch am sonst den Jungen vorbehaltenen Chemieunterricht teilnehmen. Zu Hause richtete sich Dorothy auf dem Dachboden ein eigenes Labor ein.

Besonders interessierten sie Kristalle. Aus Büchern erfuhr Dorothy Crowfoot frühzeitig von der Röntgenstrukturanalyse. Mit diesem Verfahren ist es möglich, über die Beugung von Röntgenstrahlen am Kristallgitter auf die Struktur von Kristallen zu schließen. Ab 1928 studierte Dorothy als eine von wenigen jungen Frauen Chemie und Kristallografie am Somerville-College in Oxford. Nach Abschluss ihrer Ausbildung forschte sie in Cambridge unter Leitung von John Bernal (1901–1971), einem aktiven Mitglied der KP Großbritanniens. Hier erarbeitete sie die wichtigsten Grundlagen für die Röntgenanalyse bedeutsamer Substanzen wie Penicillin und Vitamin B12.

Mit 26 Jahren kehrte Dorothy Crowfoot nach Oxford zurück, unterrichtete an »ihrem« College und schloss sich der Insulinforschung an. Ihr gelangen zum ersten Mal in der Geschichte Interferenzbilder von Insulin-Kristallen. 1937 promovierte die Chemikerin und heiratete den Historiker und Kommunisten Thomas H. Hodgkin.

In einer auf Männer ausgerichteten Wissenschaft kämpfte sie für die Rechte ihrer Kolleginnen: 1938 nach der Geburt ihres ältesten Sohnes erhielt sie als erste Frau in Oxford Mutterschaftsurlaub. Bei ihrer zweiten Schwangerschaft 1944 gab es bereits für alle werdenden Mütter drei Monate bezahlten Urlaub. Insgesamt bekam sie zwei Söhne und eine Tochter. Nach der Geburt ihres ersten Sohnes erkrankte sie an entzündlichem Gelenkrheuma. Trotz der durch die Krankheit stark verkrüppelten Finger entwickelte sich Dorothy Hodgkin zu einem der besten Kristallografen der Welt. Da sie die kleinen Schalter der Röntgenapparate nicht mehr greifen konnte, ließ sie große Hebel einbauen.

1946 hatte Dorothy Hodgkin nach vier Jahren die Struktur von Penicillin entschlüsselt. Als neue Herausforderung erforschte sie das komplexe Molekül Vitamin B12 (in der Vignette rechts) und präsentierte 1955 seine Struktur.

Im Folgejahr erhielt Dorothy Hodgkin eine Professur in Oxford und 1964 für ihre Forschungsergebnisse den Nobelpreis. Erst 1969 konnte sie jedoch die Struktur des Insulins veröffentlichen – nach über 35 Jahren Arbeit!

Neben ihrer Forschung und Lehre engagierte sie sich leidenschaftlich in der Friedensbewegung. Sie war Mitbegründerin und Präsidentin der »Pugwash-Bewegung«. 1987 erhielt Dorothy Hodgkin dafür in Moskau den Lenin-Friedenspreis.

1944 unterrichtete die »Rote Kristallografin« übrigens eine 19-jährige, ziemlich konservative Chemie-Studentin: Miss Margaret Hilde Roberts, die spätere »Eiserne Lady« Maggie Thatcher. Was an den Bildungsweg einer deutschen Spitzenpolitikerin denken lässt …

Pasteur, der Übeltäter

Ein Fall für den Staatsanwalt: Ein Nichtmediziner verwendet Material unbekannter Zusammensetzung und Toxizität und behandelt damit Patienten, die möglicherweise an einer tödlichen Krankheit leiden, darunter ein Kind. Ihre Namen und Adressen werden ohne Zustimmung veröffentlicht, erstaunliche Behauptungen aufgestellt, aber keine Details der Behandlung bekannt gegeben. Überdies bekommen die Menschen äußerst virulente Mikroben injiziert, ohne dass deren Wirkung vorher bei Tieren getestet worden wäre. Einige Patienten sterben, und ein beteiligter Mediziner distanziert sich von den Machenschaften seines Mitarbeiters. Doch statt angeklagt zu werden, ging der Mann als Sieger über die Tollwut in die Wissenschaftsgeschichte ein.

Louis Pasteur hatte eine Menge Glück, wohl auch gemäß seinem Ausspruch: »Das Glück begünstigt den vorbereiteten Geist«. Dennoch verletzten er und andere Forscher dieser Zeit etliche ethische Grundsätze.

Pasteur erklärte das Rückenmark als Sitz des Tollwuterregers, obwohl die Mikrobe noch unbekannt war. Wie auch – wurden die Erreger doch erst später mit dem Elektronenmikroskop sichtbar. Er behauptete die Gewinnung abgeschwächter (»attenuierter«) Erreger durch Alterung von aus Hasen entnommenem Rückenmark. Diese wurden am 6. Juli 1885 dem kleinen Joseph Meister verabreicht.

Die stets knifflige Frage: Wie bewegt man sich in einem Gebiet, wo es wenig oder gar keine Gewissheiten gibt? Wie kam es zu der Idee, durch bewusste Ansteckung mit Krankheitserregern dieselbe Krankheit bekämpfen zu können?

Es begann mit den Pocken: Schon im 11. Jahrhundert beobachteten chinesische Ärzte, dass Personen, die eine Pockenerkrankung glücklich überstanden hatten, gegenüber einer erneuten Ansteckung resistent waren. Und so infizierte man im alten China bereits Kleinkinder künstlich mit Pocken von mild verlaufenen Fällen, um sie für das weitere Leben vor einer Pockenerkrankung zu schützen. Angesichts der dramatischen Sterblichkeit im Ernstfall fanden sie das Risiko offenbar erträglich.

Als europäischer Pionier bei der Entwicklung eines verträglichen Impstoffs gegen die Pocken hat sich der englische Arzt Edward Jenner (1749–1823) verdient gemacht. Er stellte fest, dass die vergleichsweise harmlosen Kuhpocken auch einen effektiven Impfstoff hergaben. Trotzdem wertete Jenner im Alter die Methode kritischer wegen durchaus vorhandener Nebenwirkungen – kamen doch auch seine eigenen Kinder bei Impfversuchen zu Schaden.

Das Jenners Impfung zugrunde liegende Konzept wurde aber erst durch Pasteur richtig erforscht. Dieser hatte bei Versuchen Hühner versehentlich mit Erregern der Geflügelcholera (*Pasteurella multocida*) aus Kulturen infiziert, die mehrere Wochen im Labor vergessen worden und damit geschwächt waren. Die Tiere überstanden die Krankheit, und waren fortan dagegen immun.

Zuvor schon hatte Pasteur öffentlich 1881 die Wirksamkeit einer Schutzimpfung von Schafen gegen

Milzbrand (*Bacillus anthracis*) bewiesen, die Seidenraupenzucht gerettet und die Weingärung auf wissenschaftliche Prinzipien gestellt. Pasteur hatte also Erfolg!

Der Tollwut-Erfolg legte den Grundstein für das Pasteur-Institut in Paris. Pasteur war der Held seiner Zeit und ist es bis heute geblieben.

Die Ölfresser kommen

»Ich habe gewonnen!« schrie 1980 ein sonst bescheidener und zurückhaltender Inder aus voller Kehle, als er den Bescheid des Obersten Gerichtshofs zu »Diamond versus Chakrabarty 447 U.S. 303 (1980)« hörte. Er hatte 1971 ein Patent angemeldet und seitdem prozessiert. Sein ölfressender Bakterien-Stamm war das erste »neugeschaffene« Lebewesen in der Geschichte, für das ein Patent in den USA erteilt wurde. Ein Dammbruch im Patentwesen!

Der in den USA lebende indische Biotechnologe Professor Ananda Mohan Chakrabarty hatte bei General Electric zunächst Bakterien gezüchtet, die das hochgiftige Pflanzenvernichtungsmittel (Herbizid) 2,4,5-T abbauen können. Dieses war von den USA im Vietnamkrieg zur »Entlaubung« eingesetzt worden.

Danach wurden regelrechte Ölfresser sein Ziel. Dafür entnahm er vier Stämmen der Bakterienart *Pseudomonas putida*, die jeweils die Ölbestandteile Octan, Kampher, Xylen und Naphtalin »verdauen«, zunächst ringförmige DNA (Plasmide). Er erzeugte aus vier Plasmiden ein »Super-Plasmid« und schleuste dieses tausendfach wieder zurück in die Bakterien ein. Damit schuf er ein Superbakterium, das alle vier Stoffe gleichzeitig abbaut.

»Das ist nicht mehr, als wenn Sie Ihrem Hund oder Ihrer Katze ein paar Tricks beibringen«, sagte Chakrabarty der Zeitschrift »People«. Das war tiefgestapelt, denn die transformierten Bakterien stürzten sich schließlich mit Heißhunger auf Erdölrückstände. Sie sollten bei Tankerkatastrophen, wenn riesige Flächen des Meeres von der Ölpest bedroht sind, schnell das Erdöl abbauen. Die dabei massenhaft gewachsenen Mikroorganismen werden anschließend durch andere Meereslebewesen gefressen und verschwinden dadurch wieder.

Doch Chakrabartys Ölfresser kamen in der Umwelt noch nie zum Einsatz. Bis heute ist die Freisetzung gentechnisch manipulierter Bakterien nicht erlaubt.

So benutzt man weiterhin »normal« gezüchtete Bakterien, z.B. bei der katastrophalen Havarie der »Exxon Valdez« 1989 vor der Küste Alaskas, in deren Folge 250 000 Seevögel starben. Hier wurde die Hauptmasse der 380 000 Tonnen Öl maschinell aufgesaugt und filtriert, die Öl-Schichten auf Felsen und Kies jedoch mit natürlich vorkommenden Mikroben abgebaut. Deren Wachstum und Leistung regte man zusätzlich durch Dünger an.

Jährlich werden die Meere immer noch durch Millionen Tonnen Erdöl verschmutzt, doch spielen spektakuläre Tankerkatastrophen dabei eine eher kleine Rolle. Das illegale Ablassen verdreckten Ballastwassers aus Tankern auf offener See und Abwässer in den Flüssen sind die Hauptquellen des Öls.

Ein weiteres Einsatzgebiet von Ölfressern sind verseuchte Böden, zum Beispiel unter Tankstellen. Im Boden sind die Fresser und ihr Futter schwerer zusammen zu bringen. Das Erdreich wird deshalb zu zwei Meter hohen »Beeten« aufgeschüttet, mit mikrobiellen Spezialisten beimpft, gut durchlüftet und durchmischt. Meist sind schon nach zwei Wochen über 90 Prozent der Schadstoffe abgebaut. Besonders im Osten Deutschlands gab es nach der Vereinigung einen Boom für die Sanierung verunreinigter Böden. Einige Firmen verdienten sich kurzzeitig eine goldene Nase dabei.

Der Berliner Schriftsteller und Biologe Bernhard Kegel hat das Ölfresser-Problem aus einem anderen Blickwinkel betrachtet: In seinem lesenswerten Thriller »Sexy Sons« beschreibt er nicht nur das missglückte Klonieren des Chefs einer Umweltfirma, sondern auch, was geschehen könnte, wenn genmanipulierte Super-Ölfresser absichtlich freigesetzt werden.

Und was passiert, wenn sie in Erdölquellen gelangen? Dann hätten Weltgendarmen wohl keinen Grund mehr, in Nahost zu bleiben ...

Antibakterieller Stinkstiefel

Wie sagte Pasteur? »Das Glück begünstigt den vorbereiteten Geist«. Der Mikrobiologe Gary Strobel wohnt in Montana, einem Gebiet mit den nördlichsten Regenwäldern der Erde. Strobels Leidenschaft ist die Erforschung von Mikroorganismen, die es sich auf und in Pflanzen als Wirte bequem machen und als »Endophyten« bezeichnet werden. Auf seinen Wanderungen nahm er von verschiedenen Pflanzen Proben mit. 1993 fand er einen mikroskopischen Pilz auf der Borke der Pazifischen Eibe im Nordwesten Montanas. Strobel war von der Idee besessen, dass Mikroben auf Pflanzen ähnliche Stoffe wie ihre Wirte produzieren. Der Pilz wurde also isoliert und *Taxomyces andreanae* benannt, nach seinem Wirt Eibe (Taxus) und, entsprechend der Sitte eines Kavaliers, nach der Dame Andrea im Team.

Nach Kultur des Pilzes und Analytik seines Produktes konnte Strobel es nicht fassen – und studierte die gefundene Struktur immer wieder. Aber es war so – der kleine Pilz selbst hatte tatsächlich Taxol produziert!

1997 erteilte das U. S. Patent Office breiten Patentschutz für Pilze, die Taxol produzieren. Weitere Proben zeigten bei gezielter Suche, dass *Taxomyces andreanae* viele Freunde hatte und auch andere Spezies in der Gattung dieses Kunstwerk vollbringen konnten. Ein Verwandter auf einer asiatischen Eibe lieferte auf Anhieb 1000-mal mehr Taxol.

Ganz wichtig ist, dass in der Zukunft Taxol endlich kostengünstig und in ausreichender Menge zur

Tumorbehandlung eingesetzt werden kann. Taxol ist das meistversprechende Anti-Tumor-Medikament der letzten drei Jahrzehnte. Der weltweite Markt lag bei 1,2 Milliarden US-Dollar im Jahr 2000. Der Wermutstropfen: Obwohl Taxol die Überlebenszeit von Patienten dramatisch erhöht hat, ist es kein Krebs-Heilmittel. Viele Patienten entwickeln Resistenz dagegen, viele Tumoren sprechen darauf nicht an. Man sucht nun nach Modifikationen.

Leider produziert der Pilz (noch) nicht ökonomisch. Aber wichtig ist Strobels Grunderkenntnis: Die mikrobiellen »Parasiten« imitieren die Wirts-Chemie! Wenn man sie isoliert und anzüchtet, kann man das Gleiche machen wie beim Penicillin. Und es gibt Millionen anderer Pilze! Wenn aber die Wirte systematisch ausgerottet werden, wie es gegenwärtig im Regenwald passiert, verschwinden mit ihnen auch die Mikroben.

Gary Strobel ist mit 67 gerade in den Ruhestand getreten, aber er kann nicht aufhören zu forschen. Seit 20 Jahren bereist er die Regenwälder der Erde. Er sammelt Borken und Zweige und kultiviert deren Bewohner. 1999 stieß er auf ein weiteres Phänomen: Den gemeinsamen Transport seiner Pilzproben in einem offenen Plastegefäß hatten alle überstanden, den in einem geschlossenen Container aber nur eine.

Strobel war perplex. Aber dann kam der Heureka-Moment: Der überlebende Pilz hatte offenbar die anderen Pilze mit seinen Gasen umgebracht! Er nannte ihn deshalb *Muscodor albus*, den »Stinkenden weißen Pilz«. Mehr als 30 Substanzen fand Strobel in den Pilz-Gasen, keine davon einzeln giftig für Säugetiere oder

Pflanzen. Kombiniert aber waren sie giftig für viele Bakterien, die Menschen und Pflanzen befallen, ungiftig für uns.

Vorausschauend patentierte Strobel die mikroskopische »Stink-Morchel«. Nun stehen Anwender Schlange: Eine Firma will mit *Muscodor* Mikroben auf Früchten loswerden, die sonst bei Transport und Lagerung zuschlagen. Eine andere plant den Einsatz in portablen Toiletten. Trocken eingeschweißt, soll der Pilz beim Kontakt mit Feuchtigkeit erwachen. Er produziert dann seine Gase, neutralisiert andere Gerüche und tötet pathogene Bakterien.

Die Toiletten werden in Nationalparks eingesetzt – und von der US-Army! Man darf gespannt sein, ob mit geruchlosen *Muscodor*-Toiletten die Sympathie-Werte der GIs in aller Welt steigen werden ...

Lob des Ingwers

Auch das noch – seekrank! Es hat mich beim Übersetzen von Kapstadt nach Robben-Island erwischt. Der Kutter, der wahrscheinlich schon Nelson Mandela und Genossen in die Gefangenschaft befördert hatte, schaukelt bedrohlich. Glücklicherweise habe ich »Ginger Sticks« im Rucksack!

Ingwer (engl. Ginger) ist eine in Deutschland bislang unterschätzte chinesische Geheimwaffe. In England und Amerika sieht das anders aus: Da gibt's das bekannte Ginger Ale, Ingwer-Limonade, -Konfekt, -Konfitüre, auch Ingwer-Eis.

Die einkeimblättrige Ingwer-Pflanze (*Zibinger officinale*) hat keine Hauptwurzel, sondern einen Wurzelstock (Rhizom). Und der kann roh oder gekocht gegessen werden.

Ingwer riecht angenehm aromatisch und schmeckt roh brennend scharf. Wesentliche Bestandteile sind dabei drei Prozent ätherische Öle. Für den markanten Geschmack sind hauptsächlich Gingerol und Zingeron verantwortlich, aber Ingwer enthält noch 30 andere bekannte Phytochemikalien.

Seit 3000 Jahren ist Ingwer in China überall zu finden, vor allem in der Küche. Man findet ihn aber auch seit der Qing-Dynastie im kantonesischen Ingwer-Likör (der Herr links oben in der Vignette prostet den anderen zu), in Hustenbonbons – und als Mittel gegen Seekrankheit.

Ingwer ist für die Chinesen eine heiße »Yang«-Substanz und wird bei allen möglichen Gebrechen verwendet. So wundert es nicht, dass sich seit Längerem auch die Biomediziner für die Wirkung der im Ingwer enthaltenen Substanzen interessieren.

Es ist schon erstaunlich, welche nachgewiesenen und zugesprochenen heilenden Effekte sich hier versammelt haben: Hemmung von Entzündungen (Inflammationen), Schutz vor Thrombosen, Regulation des Blutdruckes oder der Nierenfunktion und weiteres.

Immer wieder wird die Wirkung von Inhaltsstoffen des Ingwer mit Aspirin verglichen. Das ist nicht aus der Luft gegriffen. Er enthält Hemmstoffe (Inhibitoren) der Cyclooxygenasen (COX), die als Enzyme der Prostaglandin-Synthese eine entscheidende Rolle bei Entzündungsreaktionen und der Blutgerinnung spielen. Das reichlich vorhandene Gingerol ähnelt sogar in der Struktur dem Aspirin, senkt das Risiko von Blutgefäßverschlüssen und Arteriosklerose – ohne bekannte Nebenwirkungen.

Ingwer hilft gegen Kopfschmerz und bisweilen auch gegen Migräne. Selbst bei Allergien, Rheuma, Kreislauf-Erkrankungen und auch einigen Krebsformen erwartet man Heilungseffekte durch die schon erwähnten Cyclooxygenasen. Für die Klärung der Zusammenhänge ist aber noch etliche Forschungsarbeit zu leisten.

Außerdem hat Ingwer auch antibakterielle Wirkung, angeblich sogar gegen *Helicobacter* im Magen. In Hongkong fügt man Fisch oft frische Ingwer-Streifen hinzu, um ihn frisch zu halten und den Geruch zu dämpfen.

Wie überall im Leben sollte man es aber auch mit dem Ingwer nicht übertreiben: Direkt gewarnt vor

Ingwer werden Patienten, die bereits den Blutgerinnungshemmer Warfarin einnehmen oder die Gallensteine haben, da er die Produktion von Gallensäuren stimuliert.

In der Knolle stecken ungeahnte Kräfte – beispielsweise auch im Kampf gegen den ungebetenen Kater nach üppigen Feiern. Wer vor oder während des Alkoholgenusses Ingwer knabbert, wacht (hoffentlich) am nächsten Morgen ohne bohrenden Kopfschmerz auf.

Wie waere es also mit kräftigen Ingwer-Tabletten? Nicht fuer jeden ist Ingwer gut verträglich. Ich zum Beispiel habe nach chinesischer Meinung zuviel Yang, also »Hitze«, und würde die noch mit Ingwer anfeuern.

Eine jüngste Studie in Baltimore (USA) hat außerdem erstaunlicherweise *keinen* statistischen Zusammenhang zwischen Sterblichkeit bei Herz-Kreislauferkrankungen und der Einnahme von Vitamin C, E und β-Carotin zeigen können. Früchte und Gemüse mit Vitamin C, E und β-Carotin hatten dagegen eindeutig positive Wirkung. Wenn man eine ausgeglichene Ernährung hat, meint die Studie, braucht man kaum EXTRA-Vitamine und andere Nährstoffe. Das mag auch fuer Extra-Ingwer-Pillen gelten...

Bei meiner Seekrankheit war er jedenfalls die Rettung. Also, Ingwer gehört ins Gepäck von urlaubenden Kreuzfahrern! Apropos Traumschiff-Reisen: Gerade lese ich, dass Ingwer neben seiner dämpfenden Wirkung auf den Magen auch eine gewisse aphrodisiakische Wirkung habe ...

Lackmus und Hanf

»Der Lackmustest hierbei, meine Damen und Herren Abgeordneten, ist doch... äh... wie das Problem... äh... bla bla bla...«
Wie oft haben wir das schon gehört?

Der Lackmustest hat als einziger chemischer Test den Weg in die Allgemeinbildung gefunden, bis in das Vokabular der Redenschreiber der Politiker. Aber weiß jemand, was das eigentlich für ein Test ist? Ich frage meine chinesischen Chemikerkollegen nach der »Lackmus-Formel«. Alle schütteln den Kopf. Einer sagt zumindest: »Komplexes Gemisch, funktioniert aber trotzdem.«

Der Name Lackmus (im Englischen Litmus) wie auch das Produkt stammt aus den Niederlanden, wo bereits im 16. Jahrhundert die Flechten der Gattungen *Ochrolechia* und *Lecanora* gesammelt, zermahlen und dann mit Urin, Kalk und Pottasche gemischt wurden. Nach mehreren Wochen Fermentation änderte sich die Farbe langsam von rot über purpur zu blau. Nun extrahierte man das wertvolle Pigment. Es wurde hauptsächlich zur Färbung von Wolle und Seide königlicher Gewänder verwendet. Die satten, feurigen Farben waren aber leider nicht sonderlich dauerhaft.

Vielleicht bekleckerte dereinst ein Prinz, der um die Hand der Prinzessin anhielt, seine Traumfrau bei Tisch mit Essig, und sie hatte plötzlich rote Flecke auf dem Purpur? Und sein Medicus hatte das mit scharfem Blick registriert – ein Aha-Erlebnis!

Robert Boyle (1627–1691), einer der Väter der modernen Chemie – er schuf auch den Begriff Analyse –, war wohl der erste Nutzer von Lackmus. 1660 ermittelte er damit den Säuregehalt von Lösungen; heute nennen wir das »pH-Wert«.

Das zuverlässige Erkennen von Säuren ist mit Lackmuspapier relativ einfach, da färbt es sich nämlich rot. Bei Basen wird es blau. Robert Boyle verwendete offenbar Material aus Flechten. Allerdings reklamieren auch die Franzosen die Entwicklung des Lackmuspapiers für sich. Ihr Chemie-Star Joseph Louis Gay-Lussac soll das Anfang des 19. Jahrhunderts in Paris vollbracht haben.

Das Papier für den Lackmustest wurde erst in eine kochende starke Lackmus-Brühe getaucht, dann getrocknet und schließlich lichtgeschützt in dunklen Gefäßen aufbewahrt. Die besten Lackmuserzeuger sind heute die Flechten *Rocella tinctoria* im Mittelmeerraum und *Ochrolechia tartarea* in den Niederlanden.

Etwa 15 000 Arten von Flechten sind bekannt. Dabei handelt es sich um in Symbiose lebende Algen und Pilze. Die Algen sorgen für die Fotosynthese, die Pilze sind darauf angewiesen und gedeihen auf Organischem. Die Flechtenpilze produzieren dafür eine ganze Reihe von Substanzen, so die Flechtensäuren. Die wirken antibakteriell und gegen fremde Pilze. Obwohl zu jeder Flechte mindestens zwei Organismentypen gehören, tragen sie gemeinsam einen eigenen Namen.

Man findet Flechten überall auf Borke, Steinen und Mauern. Sie sind auch ein empfindlicher Umweltindikator. Schlechte Luft in Städten lässt Flechten nicht gedeihen.

Die Niederländer sollen immer noch die größten Produzenten von Lackmustests und pH-Metern sein. Als ich meinen sehr praktisch veranlagten holländischen Kollegen frage, warum das so sei, grinst er nachsichtig und deutet auf einige Kübel mit wunderschönen, mir unbekannten Pflanzen. »Ganz legal! Hanf braucht einen korrekten pH-Wert. Ist die Erde zu sauer, wird der schöne Hanf auch sauer und meist keine Frau. Dann gibts keine großen Blüten und ... dann hat man nix zu lachen.«

Sprach's und hinterließ mich ratlos im Büro. Legale Rauchpause!

Noch einen Löffel Rotwein?

Georges Halpern ist 71 und sieht (fast) jünger aus als ich ... Mein Kollege, Pharmazie-Professor an der Hong Kong Polytechnic University, ist auch Ernährungsfachmann. Als Kind französischer Juden musste er sich vor den Deutschen ein Jahr lang im Wald verstecken und lernte in bitterster Not, was alles essbar ist.

Wann immer wir uns sehen, kommt Rotwein auf den Tisch. Nach einem Fläschchen versuche ich dann gewöhnlich, ihm das Geheimnis seiner ewigen Jugend abzuluchsen.

Fangen wir mit dem Wein an. Gibt's da echt was Neues? Wein hat 8 bis 14 Volumenprozent Ethanol. Der Effekt von Ethanol auf die Mortalität in Industrieländern folgt einer J-förmigen Kurve. Im Vergleich zu Abstinenten leben moderate Weintrinker länger. Aber im Übermaß genossen, treibt der Alkohol die Sterblichkeit steil in die Höhe. Das Gesunde am Wein sind allerdings eher die Antioxidantien, Polyphenole aus den Trauben. Rotweine enthalten 900 bis 2500 mg Polyphenole pro Liter, Weißweine nur 190 bis 290 mg. In einem Glas Rotwein (150 Milliliter) sind genauso viele Antioxidantien wie in 12 Gläsern Weißwein, 2 Tassen Tee, 5 Äpfeln, 100 g Zwiebeln, einem halben Liter Bier, 7 Gläsern Orangensaft oder 20 Gläsern Apfelsaft.

Die Copenhagen City Mortality Study schlussfolgert, Weintrinker hätten eine deutlich niedrigere Mortalität als Nichttrinker. Inzwischen belegen Hunderte Studien, dass moderater Rotweingenuss vor Kreislauf-erkrankungen schützt. Die wichtigsten Mechanismen sind der Schutz der »schlechten« Lipoproteine (LDLs) vor ihrer Oxidation. Denn oxidierte LDLs lagern sich aktiv an die Gefäßwänden an und lösen dort eine Entzündung aus. Die »guten« HDLs, die Fette entsorgen, werden dagegen von Phenolen des Weines aktiviert.

Nach dem ersten Glas Rotwein bestellt Georges erstmal Essen. »Ganz wichtig: Um alle diese Vorteile zu nutzen, muss der Wein immer mit gutem Essen kombiniert werden!«, kommentiert er. So wurden in einer anderen Studie 8 647 Männer und 6 521 Frauen zwischen 30 und 59 über 7 Jahre beobachtet. Rotweintrinker außerhalb von Mahlzeiten starben generell häufiger als die Essen-mit-Wein-Genießer.

Georges macht eine simple Rechnung auf: Wenn jeder Amerikaner zwei Gläser Rotwein pro Tag zu den Mahlzeiten tränke, würden die Herz-Kreislauf-Erkrankungen (die Hälfte der Todesfälle) um 40 Prozent reduziert werden. Das würde Kosten von 40 Milliarden US-Dollars pro Jahr sparen! (Hören Sie das, Frau Ministerin Schmidt?).

Die Römer eroberten die halbe Welt, ohne Durchfälle zu bekommen. Das Geheimnis: Rotwein im Trinkwasser. Die Polyphenole töteten Bakterien wie Salmonellen und *Escherichia coli* effektiv ab.

Moderate Mengen Wein (und Grüner Tee) treffen auch den Magengeschwür-Übeltäter, das Bakterium *Helicobacter pylori*.

Nach der Copenhagen-Studie schützt Rotwein auch vor Schlaganfall und stärkt das Gedächtnis: 3 777 Einwohner älter als 65 wurden untersucht. 318 tranken

250 bis 500 Milliliter Rotwein täglich. Sie schnitten besser bei Gedächtnistests ab.

Frage zum Schluss: Wenn das so einfach ist, warum sehen dann nicht alle Rotwein-Trinker so jung und frisch aus wie der 71-jährige Professor?

»Naja. man muss beim Rotwein-Trinken immer einer schönen Frau tief in die Augen schauen«, sagt Georges und prostet seiner hübschen chinesischen Assistentin zu.

Science is fun!